bitte zurück

an

Maren Ehlers

Daisy Gräfin von Arnim
mit Kathrin Schultheis
Die Apfelgräfin

DAISY GRÄFIN VON ARNIM
MIT KATHRIN SCHULTHEIS

DIE APFELGRÄFIN

francke

Über die Autorinnen:
Daisy Gräfin von Arnim ist gelernte Buchhändlerin. Nach der Wende zog sie mit ihrem Mann Michael ins Boitzenburger Land, wo die Familie von Arnim jahrhundertelang beheimatet war. Dort betreibt die Unternehmerin das Apfel-Delikatessengeschäft „Haus Lichtenhain".

Kathrin Schultheis studierte Deutsche Philologie, Buchwissenschaft und BWL in Mainz und Dijon. Seit 2007 ist sie Lektorin im Verlag der FRANCKE-Buchhandlung GmbH und lebt in Marburg.

Bibliografische Information Der Deutschen Bibliothek
Die Deutsche Bibliothek verzeichnet diese Publikation in der Deutschen Nationalbibliografie; detaillierte bibliografische Daten sind im Internet über http://dnb.ddb.de abrufbar.

4. Auflage 2013
ISBN 978-3-86827-151-5
Alle Rechte vorbehalten
© 2010 by Verlag der Francke-Buchhandlung GmbH
35037 Marburg an der Lahn
Innenfotos: Michael Graf v. Arnim, Daxi v. Bernuth, Adelheid Christopeit, Kathrin Schultheis, Sabine Steputat, Uwe Werner
Landkarten: Abdruck mit freundlicher Genehmigung von TMU Tourismus-Marketing-Uckermark Prenzlau
Umschlaggestaltung: Verlag der Francke-Buchhandlung GmbH / Christian Heinritz
Satz: Verlag der Francke-Buchhandlung GmbH
Druck und Bindung: CPI Moravia Books, Korneuburg

www.francke-buch.de

INHALT

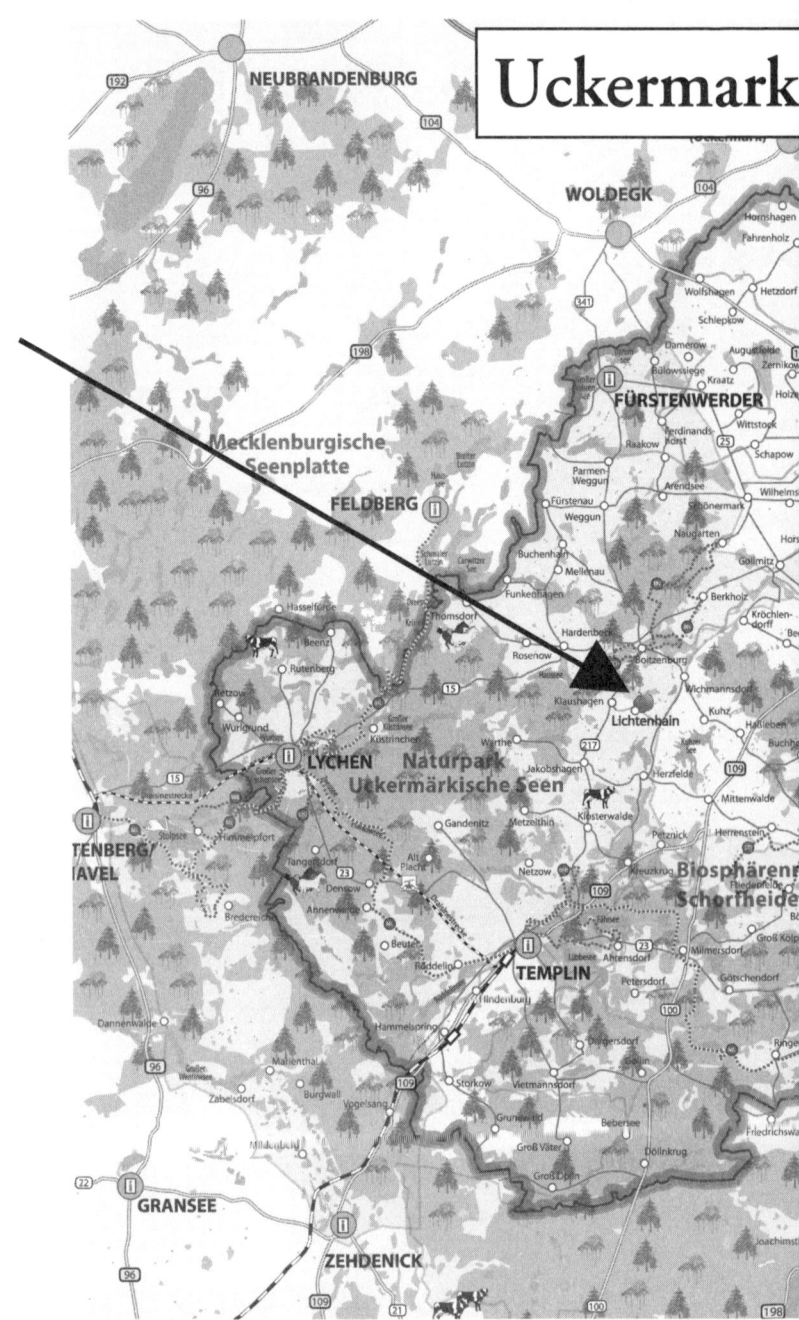

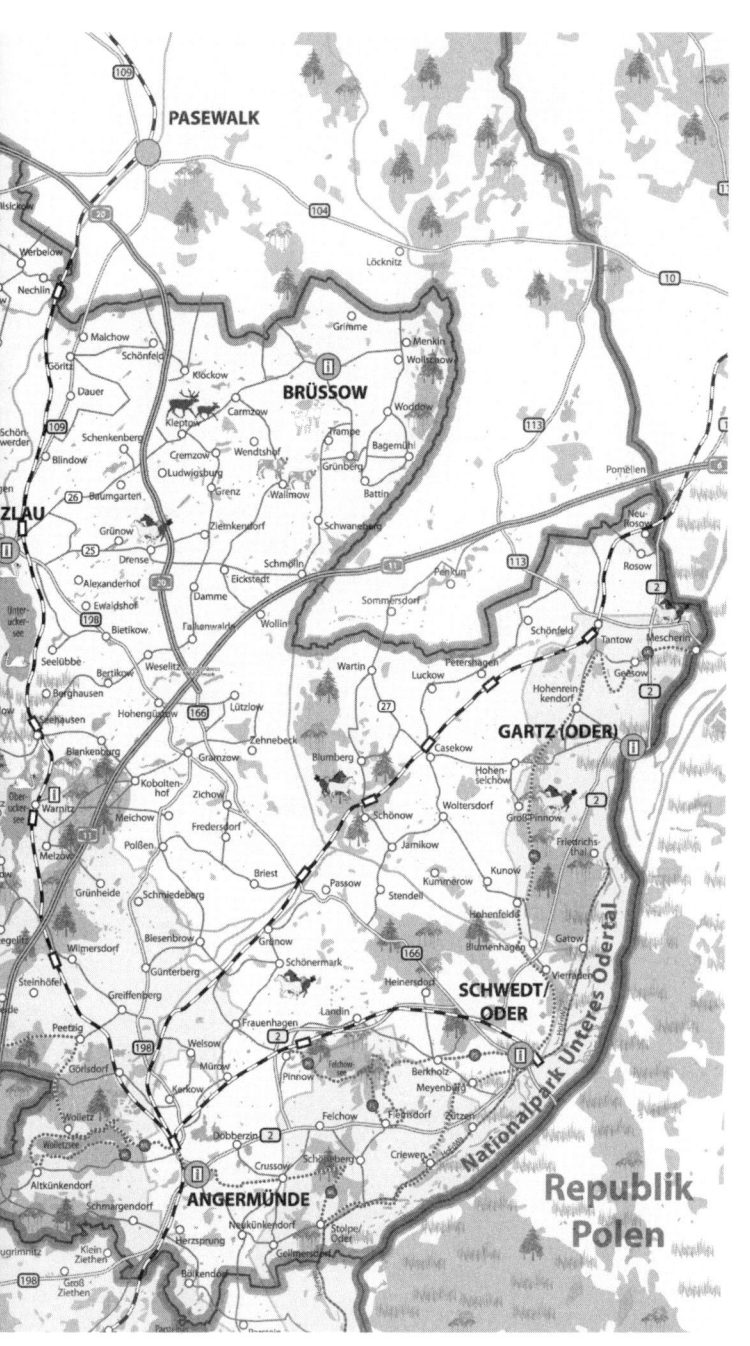

KAPITEL 1

DIE WENDE

Als am 9. November 1989 die Mauer fiel, war ich in England und unterrichtete wissbegierige kleine Internatsschüler mit rutschenden Kniestrümpfen in der deutschen Sprache und dem Blockflötenspiel. Noch heute sehe ich sie vor mir, wie sie in ihren kurzen grauen Hosen und Einheitspullundern vor mir saßen und dem Unterricht lauschten. Nichts hatte mich auf den Anruf vorbereitet, der mich an jenem Novemberabend zu später Stunde erreichte. Ich hatte sogar überlegt, ob ich überhaupt noch einmal aufstehen und ans Telefon gehen sollte. „Daisy, mach sofort den Fernseher an!", schallte mir die merkwürdig aufgeregt klingende Stimme einer Freundin ans Ohr. „Die Grenze ist offen." Es dauerte einige Sekunden, bis mir klar wurde, was sie da sagte. Mit zitternden Knien ging ich zum Fernseher und schaltete so lange durch die Programme, bis ich einen Nachrichtensender fand, der die „Breaking News" verkündete. Vor meinen Augen spielten sich herzzerreißende Szenen ab. Menschen, die durch das Brandenburger Tor strömten und die mit einer Freude, die aus ihrem tiefsten Inneren hervorzubrechen schien, auf der Mauer tanzten, ließen Sektkorken knallen und gaben stammelnd Interviews, die von Ungläubigkeit, tiefster Erschütterung und überbordender Euphorie zeugten. Tränen rannen unablässig über meine Wangen, Tränen, die mir auch in den darauf folgenden Tagen immer wieder in die Augen traten. Ich musste nur an einem Zeitungskiosk vorbeilaufen und einen Blick auf die Schlagzeilen der *Times,* der *London Daily News* oder des *Telegraph* werfen und schon ging es wieder los. Es war mir unbegreiflich, wie die Engländer diesem unfassbaren Ereignis beinah gleichmütig gegenüberstehen konnten. Was für mich ein monumentales, alles veränderndes, die Welt auf den Kopf stellendes Geschehen war, wie man es in seinem Leben wohl nur einmal miterlebt, war für den Großteil der Engländer, mit denen ich damals zusammentraf, lediglich irgendein ‚historical moment‘, der kaum etwas mit ihrem Leben zu tun hatte. Die Wende war für sie keine Wende. Für mich hingegen war sie genau das.

Dabei war ich zum Zeitpunkt des Mauerfalls gerade einmal 29 Jahre alt, hatte ein vereinigtes Deutschland also niemals miterlebt. Doch in meinem Elternhaus war die Erinnerung an früher immer ein wesentliches, oft sogar das einzig beherrschende Thema gewesen. Ich war in dem Bewusstsein aufgewachsen, dass die Mauer etwas trennte, was eigentlich zusammengehörte, dass sie uns von Gütern, Landstrichen und vor allem Menschen fern hielt, die zu unserem Leben hätten gehören sollen. Mein Vater, Franz Josef von Löbbecke, stammte aus Garbendorf bei Brieg in Schlesien, meine Mutter, Irmgard Freiin von Maltzahn, aus Vanselow in Mecklenburg. Beide hatten durch den Krieg ihre Heimat verloren. Nachdem mein Vater 1949 aus vierjähriger Kriegsgefangenschaft in Sibirien zurückgekehrt war und kurz darauf seine erste Frau hatte beerdigen müssen, heiratete er meine Mutter. Im Oldenburger Land gründete er einen Tierpark und einen Tierhandel, und trotz allem Erlebten schaute er als ein fröhlicher, dankbarer und gläubiger Mensch stets voller Gottvertrauen in die Zukunft. Trotzdem verschwand die Sehnsucht nach der alten Heimat niemals ganz und die Trauer über den Verlust blieb insbesondere bei meiner Mutter zeitlebens. In meinem Elternhaus hingen unzählige Bilder und Fotos von der Zeit vor dem Krieg an der Wand; schöne Gutshäuser zeugten von einem Leben, das für immer der Vergangenheit angehörte. In den Bücherregalen standen etliche Biografien, die von Vertreibung und Flucht nach dem Ende des Zweiten Weltkrieges erzählten, und in Gesprächen kam die Sprache immer wieder auf Garbendorf, Vanselow und vor allem die Flucht. Sehnsuchtsvolle Erzählungen über die große landschaftliche Schönheit der alten Heimat und Geschichten von einem einerseits preußisch spartanischen, aber andererseits auch großzügigen ländlichen Leben prägten meine Kindheit. Und natürlich vor allem die Beschreibungen der Menschen, mit denen meine Eltern aufgewachsen waren. Meine Mutter hielt Zeit ihres Lebens Kontakt zu den Schulfreundinnen aus Kindertagen, unzählige Briefe gingen in die „Zone", wie sie sie bis zuletzt nannte, und wir packten mit ihr Unmengen an „Westpaketen". Ich besitze den gesamten Briefwechsel mit ihren Schulfreundinnen und Menschen aus Vanselow von 1945 bis zu ihrem Tod 2005. Für mich als Kind war die Heimat meiner Eltern ein Ort, an dem der Himmel weiter, die Landschaft größer und die Dorfgemeinschaft besser war. Sie war eine heile Welt, in der die Mamsell sagenhafte Nachtische mit 16 Eiern und unglaublich viel Butter kreierte und alle

Dorffrauen zum Beispiel gemeinsam den Erntekranz banden. Keine Mahlzeit verging, ohne dass meine Eltern von der „guten alten Zeit" erzählten, und so entstand auch in mir mit der Zeit eine Sehnsucht nach einer Welt, die mir durch die Geschichten merkwürdig vertraut war, aber zugleich unglaublich weit weg vorkam. Ich konnte diese großen Gutshäuser auf den Fotos in unserem Wohnzimmer nie so richtig mit unserem ganz normalen Einfamilienhaus in Verbindung bringen, und wenn mein Vater von dem ihn beeindruckenden Leipziger Bahnhof erzählte, dachte ich immer nur: ‚Meine Güte, ist das weit weg.' Ich konnte mir gar nicht vorstellen, wie nah das eigentlich war und wie wunderschön all diese Orte tatsächlich sind.

Das Aufwachsen im Tierpark war für mich Freiheit pur. Mein großer Bruder und meine ältere Schwester, meine beiden jüngeren Brüder und ich konnten jederzeit ungehindert überall spielen, hatten direkt vor unserer Haustür unzählige Tiere, von denen andere Kinder nur träumten, und das riesige Tierparkgelände stand uns zur freien Verfügung. Wir lernten früh körperlich hart zu arbeiten, etwas, das ich bis heute sehr gerne tue, weil es mir eine ungeheure Befriedigung verschafft, direkt nach der getanen Arbeit zu sehen, was ich geschafft habe, und wir lernten vor allem eins: zu verkaufen. Egal ob es sich um Honig oder Schildkröten, Eis, Pfauenfedern, Bratwürstchen oder sonst etwas handelte, was in einem Tierpark so verkauft wird, wir brachten es unter die Leute. Mein Vater handelte mit den Tieren und meine Mutter, die vor ihrer Heirat als Schiffskrankenschwester gearbeitet hatte, kümmerte sich um die Tierparkbesucher und machte alles schön. Sie hatte mit der Kasse und dem Kioskverkauf ihren eigenen „Betrieb", in dem ich schon als kleines Mädchen mitarbeitete. Ich erinnere mich noch sehr gut an unzählige verregnete Sonntagnachmittage, die ich mit Rosi, einer unserer langjährigen Mitarbeiterinnen, im Kassenhäuschen verbrachte und auf Besucher wartete. Ich aß eine Stange *Mentos* nach der anderen, dann ein zu lange gebratenes Würstchen ... ein Traum. Noch heute habe ich eine besondere Affinität zu diesen Köstlichkeiten.

Als ich sechzehn war, hieß es Abschied nehmen von meinem geliebten Tierpark. Wir zogen nach Wilhelmshaven. Nur die Tatsache, dass es näher ans Meer ging, konnte mich darüber hinwegtrösten, dass ich nun in der Stadt würde leben müssen. Denn das konnte ich mir zu diesem Zeitpunkt überhaupt nicht vorstellen. Den Anlass für diesen Umzug fand ich jedoch großartig. Mein Vater trat seinen Dienst als Pfarrer in einer lutherischen Kirchengemeinde an. Er hatte mit seinen 60 Jahren noch eine theologische Ausbildung durchlaufen, und so wurde aus mir plötzlich eine Pfarrerstochter. Ich genoss es, gemeinsam mit ihm die Gemeindemitglieder zu besuchen, lernte zu orgeln und wuchs auch ansonsten immer mehr in meine neue „Aufgabe" hinein. Nach dem Abitur ging ich für ein Jahr nach Kanada, wo ich mit Highschoolabsolventen das erste Jahr am College erlebte, kehrte anschließend nach Wilhelmshaven zurück und machte dort eine Ausbildung zur Buchhändlerin. Bücher waren schon immer meine Passion. Ich liebte sie seit meiner frühesten Kindheit und konnte mir nichts Schöneres vorstellen, als auch beruflich mit ihnen zu tun zu haben. Wie sehr hatte das Lesen mich bereichert und geprägt: Ich war gemeinsam mit Pippilotta Viktualia Rollgardina Pfefferminza Efraimstochter Langstrumpf ins Taka-Tuka-Land gereist, hatte mit Hanni und Nanni unzählige Pyjamapartys veranstaltet und mit Pucki um den großen Claus gebangt. Ich war eine solche Leseratte, dass man bei der

Frage nach meinem Verbleib eigentlich nichts falsch machen konnte, wenn man sagte: „Och, die liest bestimmt schon wieder." Eine meiner schönsten Kindheitserinnerungen ist die an den Tag, an dem meine Mutter mit mir in eine Buchhandlung ging und mich aufforderte: „Such dir aus, was du willst!" Und da die Dicke der Bücher für mich ein wesentliches Kriterium war, kam es, dass ich schon in recht jungen Jahren Margaret Mitchells *Vom Winde verweht* las, was mein Vater für mein Alter äußerst unpassend fand.

1981 entschloss ich mich dazu, nach Tübingen zu ziehen und meine Buchhändlerausbildung durch ein Studium der Deutschen und der Englischen Literatur abzurunden, später arbeitete ich eine Zeitlang als Bibliothekarin und ging dann nach England, um dort den besagten Deutsch- und Blockflötenunterricht zu geben. Ein Jahr lang reiste ich von Internat zu Internat und erfreute mich daran, wie meine kleinen Schüler in ihren steifen Schuluniformen erste musikalische und fremdsprachliche Schritte unternahmen.

Seitdem ich flügge geworden war und mein Elternhaus verlassen hatte, beschäftigte mich die ursprüngliche Heimat meiner Mutter und meines Vaters gedanklich längst nicht mehr so sehr wie noch zu Kindertagen. Andere Dinge waren mit der Zeit spannender, aktueller, interessanter geworden, auch wenn mich die Erzählungen meiner Eltern natürlich nachhaltig geprägt hatten. Dass die Sehnsucht nach dieser einzigartigen Welt, die sie immer beschrieben hatten, weiter in mir schwelte und nie erloschen war, wurde mir schlagartig bewusst, als ich von der Öffnung der Mauer in Berlin und der Grenzanlagen im Westen der DDR hörte. Denn da flammte sie erneut auf. Nun hielt mich nichts mehr in England. Ich wollte diese Zeit des Umbruchs so haut-nah wie möglich miterleben und kehrte stehenden Fußes nach Deutschland zurück. Knapp einen Monat nach dem Mauerfall reiste ich zum ersten Mal in meinem Leben ungehindert in die DDR. ‚Jetzt ist alles möglich!‘, schoss es mir durch den Kopf, als ich nahe Schwerin die Grenze passierte. Dass dieses *alles* aber beinhalten könnte, dass aus mir einmal *Die Apfelgräfin der Uckermark* würde, hätte ich mir niemals träumen lassen. Es war immer mein Traum gewesen, eines Tages eine tüchtige Pfarrfrau zu werden. Ich hatte von einem efeubewachsenen Pfarrhaus mit einer großen Küche und mindestens sechs Kindern geträumt. Aber Gott hatte andere Pläne mit mir.

Kapitel 2

Der Heiratsantrag

Nein, Michael kam nicht auf einem weißen Ross angeritten, als wir uns kennenlernten, und mir stockte auch nicht der Atem, als ich ihn auf dem Ball einer Freundin zum ersten Mal erblickte. Das ist zwar von der Regenbogenpresse so berichtet worden, aber in Wirklichkeit war alles ganz anders. Auch wenn es viele enttäuschen mag: Unser Kennenlernen lief genauso normal und unspektakulär ab wie das der meisten anderen Menschen. Michael und ich lernten uns in Göttingen kennen, wo er Landwirtschaft studierte und ich im Bibliografiensaal der Universitätsbibliothek daran mitarbeitete, eine vollständige Auflistung aller deutschen Drucke zu erstellen, die zwischen 1730 und 1830 in Amerika erschienen waren. Wir hatten und haben vieles gemeinsam, nicht nur unsere Herkunft und dass wir mit ähnlichen Wertvorstellungen und Traditionen aufgewachsen sind. Uns schien der Gesprächsstoff niemals auszugehen, und wir wurden schnell gute Freunde. Eine gemeinsame Zukunft kam zum damaligen Zeitpunkt weder für Michael noch für mich in Betracht. Das hatte ganz verschiedene Gründe, aber ein Wermutstropfen in unserer Freundschaft war auch, dass Michael mit meinem offen gelebten Glauben damals noch wenig anfangen konnte. Für mich jedoch war immer klar gewesen, dass ich nur einen betenden Mann heiraten würde, dessen Mittelpunkt Jesus ist.

Der Glaube hatte in meinem Leben von klein auf eine wichtige Rolle gespielt. Bei meinem Vater, der in einem Kriegsgefangenenlager in Sibirien zu Gott gefunden hatte, hatte ich täglich miterlebt, wie gelebter Glaube aussehen konnte. Meine Mutter betete jeden Abend mit mir mein Lieblingsgebet – „Ich bin klein, mein Herz mach rein, soll niemand drin wohnen als Jesus allein" – und ich ging sonntags oft mit meinem Vater in den Gottesdienst der Oldenburgischen Landeskirche, um einfach mit ihm zusammen zu sein. Den Kindergottesdienst mochte ich nicht. Irgendwie war es mir suspekt, mit den Kindergottesdienstfrauen und irgendwelchen fremden Kindern in den Gemeinderäumen zu verschwinden. Ich wollte bei den Großen bleiben. Noch heute erinnere ich mich gut daran, wie der Pfarrer mich manchmal nach dem Gottesdienst lobte: „Du hast aber gut aufgepasst!" Ehrlich gesagt war es aber nicht selten nur das äußerst ergiebige Lutschbonbon meiner Großmutter gewesen, das mich hatte stillsitzen lassen. Nie werde ich den Weihnachtsgottesdienst vergessen, an dem mir meine Großmutter ihre Handtasche zuschob und einen auffordernden Blick zuwarf. Ich verstand sofort, was sie mir damit sagen wollte, denn die Handtasche meiner Großmutter wurde jedes Mal, wenn sie uns besuchte, zu einer wahren Fundgrube für die unterschiedlichsten Bonbonsorten. Ich musste nur meine Hand hineinschieben und so lange umhertasten, bis ich eines in der Hand hielt. Bald war ich sehr geübt darin, blind die holländischen Bonbons namens Hopjes zu ertasten, denn die waren die ergiebigsten und hielten den ganzen Gottesdienst lang. Sie schmeckten herrlich nach einer fremden Welt und machten selbst die längste Predigt zu einem Hochgenuss. Von den Predigten aus meinen Kindertagen ist mir kaum noch etwas in Erinnerung, aber bis heute unvergessen sind mir die unendlich liebevollen Augen der Pfarrfrau.

Das allererste Buch, das ich als Sechsjährige unter der Bettdecke mit Taschenlampe las, war die Kinderbibel von Anne de Vries. Ich liebte die Geschichten von Jesus, vor allem die, in der ein paar Männer auf das Dach des Hauses kletterten, in dem Jesus war, und ihren kranken Freund durch das Dach zu ihm hinunterließen, damit er ihn heilte. Was er auch prompt tat! Jesus faszinierte mich schon als Kind und so sang ich die Lieder über ihn zur Freude meines Vaters immer besonders gerne mit. Der Glaube meines Vaters war fröhlich und ansteckend, und an seinem Leben sah ich ganz deutlich, was es bedeutet, das zu vergessen, was hinter einem liegt, und sich nach dem auszustrecken, was vor einem liegt (Philipper 3,13). Noch heute sehe ich meinen Vater vor mir, wie er nach getaner Arbeit in seinem Lieblingssessel im Wohnzimmer saß und in seiner Bibel las. Erst als ich während des Studiums in Tübingen in der dortigen SMD-Gruppe landete (SMD = Studentenmission in Deutschland) wurde mir bewusst, wie sehr der Glaube meines Vaters mich zwar geprägt hatte, dass ich ihn mir aber nie wirklich zu eigen gemacht hatte. Bisher hatte ich immer gedacht, alles sei in Ordnung, und ich käme automatisch mal in den Himmel, aber durch das Vorbild dieser engagierten Christen und das tägliche Lesen in der Bibel erkannte ich, dass meinem Leben noch etwas fehlte. Mich faszinierte, wie konsequent die Studenten in der SMD-Gruppe Gott nachfolgten, wie sie ihn im Alltag suchten, und vor allem begeisterte mich ihre Art zu beten. Niemals zuvor hatte ich Menschen erlebt, die derart frei und ungezwungen mit Gott redeten, die in Gebetsgemeinschaften offen all ihre Ängste und Nöte, aber auch ihre Dankbarkeit vor Gott brachten. Manches fand ich allerdings auch befremdlich. So erinnere ich mich an das flehende Gebet einer jungen Frau, die Gott inniglich darum bat, dafür zu sorgen, dass ihr Rad repariert wurde. Es war am Tag zuvor kaputt gegangen. ‚Meine Güte‘, dachte ich, ‚da holste dir eben drei Jungs und kriegst die Kiste wieder in Gang.‘ Mir war damals noch nicht bewusst, dass ich mich selbst mit der kleinsten Sorge an Gott wenden kann. Das lernte ich erst mit der Zeit. Instinktiv wusste ich jedoch schon immer, dass die Antworten auf alle Fragen des Lebens und all meine Fragen in Bezug auf den Glauben in der Bibel lagen. Die SMDler halfen mir, das Wort Gottes intensiv zu durchforschen, Interesse daran zu bekommen und es anzuwenden. In mir wuchs immer mehr die Sehnsucht, das zu haben, was sie hatten, und Gott mein Leben ebenso ganzheitlich anzuvertrauen, wie sie es taten. Am 16. April 1983 war es dann so weit: Ich übergab Jesus mein Leben ganz bewusst. Damals war mir klar, dass das ein wichtiger Moment war, aber noch nicht, was für eine tiefe Bedeutung dieser hatte. Ich entwickelte mit der Zeit eine immer größere Sehnsucht danach, Jesus als mein Vorbild zu sehen und ihn zu begreifen, scheiterte und scheitere daran aber ständig. Außerdem lernte ich, wie wichtig die Verbindung mit anderen Christen ist, und so suchte ich auch in Göttingen wieder den Kontakt zur dortigen SMD-Hochschulgruppe. Nicht zuletzt die Verbindung zu dieser Gruppe war es, die Michael dazu veranlasste, mich amüsiert als *Betschwester* zu bezeichnen. Ihm waren die Mitglieder dieser Gruppe irgendwie suspekt, und auch mit meiner offen gelebten Frömmigkeit konnte er wenig anfangen. Keine zehn Pferde hätten ihn dazu bringen können, dieser zugegebenermaßen etwas alternativ und ökomäßig angehauchten Gruppe eine Chance zu geben. Beide konnten wir zum damaligen Zeitpunkt nicht ahnen, was Gott noch mit ihm – und mit uns – vorhatte.

Unsere Wege trennten sich vorerst, als ich aus Göttingen wegging. Wir blieben zwar locker miteinander in Verbindung, ließen uns hin und wieder über gemeinsame Bekannte grüßen, aber das war es dann auch schon. In einem Interview bin ich einmal gefragt worden, was ich anders machen würde, wenn ich mein Leben noch einmal leben könnte. „Ich würde meinen Mann schon mit Anfang zwanzig heiraten!", war meine Antwort. Natürlich weiß ich, dass ich damals unmöglich hätte wissen können, dass Michael die Liebe meines Lebens ist. Vermutlich haben wir diese Zeit dazwischen sogar gebraucht, um zu den Menschen zu werden, die heute so gut zueinander passen. Gerade wenn ich unseren holprigen Anfang betrachte, staune ich immer noch darüber, wie perfekt Gott letztlich alles zusammengefügt hat. Ich bin dankbar, was für einen begeisterten Christen er aus Michael gemacht hat, wie Gott einen Hauskreis im Harz und die Apostelgeschichte genutzt hat, um sich ihm zu offenbaren. Letztendlich war es meine Schwester, auf deren Betreiben hin Michael und ich wieder engeren Kontakt bekamen. Meine Freude war riesig, als ich feststellte, dass wir inzwischen noch viel mehr gemeinsam hatten als zuvor. Jetzt konnten wir tiefgehende Gespräche nicht nur über die Welt, sondern auch über Gott führen! Von Treffen zu Treffen und von Telefonat zu Telefonat merkte ich, wie ich mich mehr in diesen wunderbaren Mann verliebte, dessen Überlegtheit den perfekten Gegenpol zu meiner Spontaneität bildete. Gott sei Dank – und das meine ich im wahrsten Sinne des Wortes – ging es ihm genauso, und so wurde aus uns endlich ein Paar. Dass wir dann aber schon nach recht kurzer Zeit heirateten, haben wir nicht zuletzt meiner Schwiegermutter zu verdanken.

Es war während eines Besuchs bei Michaels Eltern im Frühjahr 1991. Meine Schwiegereltern, Sieghart und Gisela Graf und Gräfin Arnim, lebten damals noch in dem Haus in Darmstadt, in dem Michael, sein Zwillingsbruder und sein älterer Bruder aufgewachsen waren. Michaels Elternhaus war dem meinen in mancherlei Hinsicht sehr ähnlich. Auch dort hingen an den Wänden Bilder von Gütern und Ländereien, die die Familie nach 1945 verloren hatte, und auch dort wurde die Erinnerung an die alte Heimat wachgehalten. In ihrem Fall war dies die Uckermark, genauer gesagt Boitzenburg. Mein Schwiegervater war sechzehn gewesen, als er mit seiner Familie aus dem märchenhaft schönen Schloss Boitzenburg, in dem er aufgewachsen war, hatte fliehen müssen. Das Schloss und die umliegenden Ländereien waren über 400 Jahre lang im Besitz der von Arnims gewesen und der Verlust entsprechend schmerzlich. Wie ich es von zu Hause gewöhnt war, kam auch hier immer irgendwann die Rede auf „Früher". Verstärkt und neu angeheizt wurden die Gespräche natürlich dadurch, dass die Mauer inzwischen gefallen und Deutschland wieder eins war. Direkt nach der Wiedervereinigung hatte die Familie begonnen, Pläne bezüglich der Wiederbewirtschaftung der ehemaligen Grafschaft Boitzenburg oder zumindest Teilen davon anzustellen. Sie hatte davon geträumt, wenigstens einen Teil der früheren Besitztümer zurückzuerhalten, ihnen wieder zu altem Glanz verhelfen und mit viel Energie in die Heimat zurückkehren zu können.

Inzwischen war klar, dass dies ein Traum bleiben würde. Eine Zurückgabe des enteigneten Grund und Bodens an die rechtmäßigen Besitzer hatte der Gesetzgeber kategorisch ausgeschlossen, auch Michaels Familie hatte weder Schloss Boitzenburg noch den Wald, die umliegenden Ländereien oder Gutshäuser zurückerhalten. Nach vielen rechtlichen Kämpfen von bürgerlichen und adeligen Familien, die land- und forstwirtschaftliche, aber auch gewerbetreibende Unternehmen besessen hatten, war die Enttäuschung darüber natürlich riesig. Der Gipfel der Ungerechtigkeit war die Entscheidung, dass Besitzern von über 100ha Land nichts zurückgegeben wurde, ansonsten aber oft eine Restitution stattfand. Auch bei jenem Besuch im Frühjahr 1991 hatten Arnims wieder über die Uckermark gesprochen und hin und her überlegt, ob nicht doch eine Möglichkeit bestünde, sich in der früheren Heimat ein neues Leben aufzubauen. Wir saßen im Wohnzimmer. Michael war gerade im Keller, um irgendetwas zu holen, als seine Mutter mich fragte: „Und, wann heiratet ihr?" Mir verschlug es erst einmal die Sprache. Hilfesuchend sah ich zu Michaels Vater hinüber, der sich aber hinter seiner Zeitung verstecken konnte. Schnell wurde mir klar, dass ich aus dieser Richtung keine Hilfestellung erwarten durfte. „Ja, also …", stammelte ich und wurde tiefrot. Michael und mir war beiden klar, dass unsere Beziehung auf eine Ehe hinauslief und wir eines Tages heiraten würden, aber über ein Datum hatten wir noch nicht gesprochen. Ich wand mich immer noch in meinem Sessel, als Michael zurück ins Wohnzimmer kam. „Was ist denn hier los?", fragte er, als er mein hochrotes Gesicht sah. „Mami hat Daisy gerade einen Heiratsantrag gemacht!", schallte es amüsiert hinter der FAZ hervor.

Uckermark

Land Brandenburg

Bundesrepublik
Deutschland

KAPITEL 3

WUNDERSCHÖNE
UCKERMARK

Michael besuchte die Heimat seiner Eltern erstmals im Jahr 1978. „Sobald ihr Jungs volljährig seid, fahren wir hin und zeigen euch alles!", hatte es immer geheißen, und tatsächlich stieg die gesamte Familie kurz nach dem 18. Geburtstag der Zwillinge in einen gelben VW-Bus und fuhr in die Uckermark. Die drei Söhne sollten sich endlich selbst ein Bild von ihren Wurzeln machen können. Bei der Einreise in die DDR, die bei Boizenburg an der Elbe erfolgte, sorgten die strengen Gesichter der Grenzbeamten, die penible Kontrolle des Wagens und das schier endlose Warten für ein mulmiges Gefühl in der Magengegend. Nachdem die Familie die Grenze endlich hatte passieren dürfen, steuerten sie zunächst das Interhotel „Vier Tore" in Neubrandenburg an. Dieses war ihnen zugewiesen worden; eine freie Hotelwahl war zum damaligen Zeitpunkt noch undenkbar. Als sie dort Quartier bezogen hatten, konnte es endlich in die Uckermark weitergehen. Mein Schwiegervater hatte das elterliche Schloss zum letzten Mal 1945 gesehen, als er geflohen war. Auch meine Schwiegermutter konnte Wiedersehen mit einem Stück alter Heimat feiern, hatte sie doch viele Sommer bei ihren Großeltern im benachbarten Kröchlendorff verbracht. Das Boitzenburger Schloss, über mehrere Jahrhunderte das Zuhause der Arnims, konnten Michael und seine Familie nur aus der Ferne bestaunen. Es diente als Schulungs- und Erholungsheim für hohe Offiziere der Nationalen Volksarmee und war deshalb abgesperrt. Allerdings ließen die Verwüstungen des Erbbegräbnisses der Familie und die aufgebrochenen Särge der Vorfahren erahnen, dass der Zahn der Zeit auch am Schloss enorm genagt haben musste. Nur die Natur schien weitgehend verschont worden zu sein. Michaels Familie nutzte den Aufenthalt daher vorrangig für ausgiebige Erkundungen der wunderschönen, sommerlichen Wälder und zahlreichen Seen. Kontakt zu ehemaligen Schulkameraden oder Sandkastenfreunden aufzunehmen, wagte mein Schwiegervater nicht, musste er doch befürchten, dass diese Ärger bekämen, wenn sie Umgang mit „den Grafen" pflegten. Michael und seine Brüder waren begeistert, endlich einmal die sagenumwobene Heimat ihrer Familie in natura sehen zu können, die sie bisher nur aus Erzählungen oder von Bildern kannten. Michael verliebte sich Hals über Kopf in die wunderschöne, weitgehend unberührte Landschaft: die alten, sternförmig auf Boitzenburg zulaufenden Alleen, die einer seiner Vorfahren hatte anlegen lassen, die uralten Wälder und saftigen Wiesen, die hügeligen Weiten und die unzähligen Gewässer. Dieses Land faszinierte ihn so sehr, dass er, sobald sich das politische Klima etwas entspannt hatte und dies möglich war, jeden Sommer einige Zeit in der Uckermark verbrachte. Er wohnte in diesen Tagen bei einem ehemaligen Spielkameraden seines Vaters; mittlerweile war es nämlich erlaubt, in Privathaushalten Quartier zu beziehen. Von dem Haus von Arthur und Gerda Schwanebeck in Boitzenburg aus zog Michael oft mit dem Fahrrad los und erkundete die Gegend. Sein Herz schlug für die Uckermark, die für ihn als Agrarwissenschaftsstudent natürlich einen besonders großen Reiz ausübte. Vor allem war er aber wohl deshalb so fasziniert von ihr, weil sie die Heimat seiner Familie war und er somit das Gefühl hatte, dass auch seine Wurzeln dort lagen.

Ich hingegen wusste bis zur Wende noch nicht einmal, wo die Uckermark überhaupt liegt. Wenn man mich gebeten hätte, sie auf einer Landkarte zu umreißen, wäre ich ziemlich aufgeschmissen gewesen. Ich hatte keine Ahnung, dass die Uckermark von der Fläche her so groß wie das Saarland und damit der flächengrößte Kreis Deutschlands ist, zugleich aber auch der am dünnsten besiedelte. Dass es hier ungefähr 200 Dörfer und 400 Seen gibt. Dass die Uckermark gute 100 Kilometer nördlich von Berlin beginnt. Dabei ist sie mit ihren Städten Prenzlau, Schwedt, Angermünde und Templin eigentlich überall bekannt. Aus Templin kommt unsere Kanzlerin. Heute weiß ich, dass die Uckermark tatsächlich eine einzigartige Landschaft Deutschlands ist. Menschenleer, dafür aber wälder-, feld- und seenreich, ist sie ein kleines Paradies. Alles ist in eine liebliche, leicht hügelige Landschaft gebettet. Endmoränenlandschaft nennt man das, denn vor Jahrtausenden haben Gletscher diese Landschaft gebildet. Viele kleine Teiche, Sölle genannt, unterbrechen die Felder immer wieder aufs Schönste. Die Infrastruktur ist noch nicht voll auf Touristen eingestellt, noch fehlen in vielen Dörfern Restaurants, Cafés und anderes. Gerade das macht aber auch den besonderen Reiz dieser Gegend aus. Es gibt noch unendlich viele Möglichkeiten, hier etwas auf die Beine zu stellen. Oft habe ich das Gefühl, im Zentrum landschaftlicher Schönheit gelandet zu sein. Dazu trägt besonders die absolute Stille bei, die hier so oft herrscht. Vor allem nachts. Der Himmel scheint viel näher und klarer, die Sterne strahlen unglaublich hell. Jede Jahreszeit hat hier ihre eigene Schönheit.

Im Februar oder spätestens im März kehren die ersten Kraniche zurück. Mit lautem Trompeten kündigen sie ihr Kommen an und lenken den Blick zum Himmel hinauf. Die Gänseflüge streichen fast zeitgleich heran. Für mich ist ihre Rückkehr ein Zeichen, dass nun mildere Zeiten anbrechen. Besonders schön ist es hier im Mai, wenn der Raps blüht. Hinzu kommen noch die über und über blühenden Obstbäume. Strahlend weiße Apfelblüten lassen den ohnehin oft tiefblauen Himmel noch blauer erscheinen! Die ganze Uckermark verwandelt sich in dieser Jahreszeit in ein Gemälde. Natürlich gehen die Meinungen darüber aber auch auseinander. Eine meiner Nachbarinnen wohnt mittendrin in dieser Farbenpracht, mitten in einem Rapsfeld. Ihr Haus ist im Mai komplett umgeben von leuchtendem Gelb. Was hat sie da schon geschimpft! Es war herrlich, wie sie sich darüber beschwerte, dass der dösige Landwirt ausgerechnet Raps anbauen musste. „Ik kann jetzt gar nich kieken wat da auf der Straße passieren tut! Und sehn tu ik keen mehr!" So unterschiedlich können die Meinungen sein. Ich liebe Raps. Ich liebe seinen Geruch und genieße es, wenn er so prachtvoll steht.

Mit der Raps- und Getreideernte erreicht der Sommer hier seinen Höhepunkt. Die Landschaft ändert innerhalb von Tagen ihr Gesicht. Nur noch die Maisfelder stehen dann und bieten den Wildtieren Deckung. Gerade die Wildschweine können dem nur schwer widerstehen und richten sich in den Feldern die gemütlichsten Wohnungen ein. Wann immer ich in dieser Zeit an einem Maisfeld vorbeifahre, gehe ich inzwischen fast automatisch ein wenig vom Gas. Denn die eine oder andere Begegnung mit einem Wildschwein auf dämmriger Straße hat mich eins gelehrt – so behaglich es die Schweine im Maisfeld auch haben, hin und wieder wollen sie es verlassen. Wie oft bin ich auf diesen endlosen Autofahrten quer durch die Uckermark vor Unfällen bewahrt worden. Für mich ist es Gott, der auf mich aufpasst; es gab so oft haarscharfe Situationen mit Wild.

Wenn der Mais dann zum Herbst hin ebenfalls geerntet wird, wächst auf den Nachbarflächen schon die nächste Ernte heran. Die Rehe und Hasen können sich auf die jungen Rapspflanzen stürzen. Da sie das auch ausgiebig tun, sind sie in dieser Zeit besonders gut und oft zu sehen. Die schönsten Tierbeobachtungen kann man übrigens in den frühen Morgenstunden machen. Deshalb fällt es mir auch fast nicht schwer, wenn ich noch vor Morgengrauen aufstehen muss, um rechtzeitig auf dem Markt oder bei irgendeinem anderen Verkaufsevent in Berlin zu sein.

Dass der Herbst endgültig Einzug gehalten hat, merkt man spätestens dann, wenn die Kraniche anfangen sich zu sammeln. Ihre bevorzugten Sammelplätze sind die Maisstoppelfelder, da sie dort genügend Körner finden, die ihnen Stärke für den Flug nach Süden liefern. In Ketten oder keilförmig fliegen sie gen Südwesten. Ihr Rufen und Trompeten ist weithin zu hören. So ist es hier im Herbst. Sonne tagsüber, kühle Nächte, Waldluft, frisch bestellte Ackerflächen – man riecht den Erdboden. Altweibersommer.

Die Störche sind, wenn sie denn da waren, zu diesem Zeitpunkt schon wieder fortgezogen, fast unmerklich, irgendwann stellt man fest: Sie sind weg. Wenn die Vögel gen Süden ziehen, bedeutet das auch, dass die Äpfel inzwischen reif sind. Nicht, dass man das übersehen könnte – unzählige alte Apfelalleen säumen die Felder und Wege und laden den Spaziergänger zu einer kleinen Kostprobe ein, in vielen Gärten beugen sich die übervollen Zweige unter dem Gewicht der Äpfel über den Zaun und die Mosterei ist in vollem Gange. Beinah rund um die Uhr strömt der goldene Saft in die Flaschen. Alle genießen die letzten warmen Sonnentage – Tier und Mensch.

Und dann geht es wieder recht schnell. Der erste Raureif. Die Hirschbrunft in den nahen Wäldern ist vorbei. Die Winterzeit beginnt. Die Schwärme von Drosseln und anderen Singvögeln aus der Tundra machen Station in den Hagebuttensträuchern und plündern die Ebereschen. Die Seen frieren zu, die ersten Eisangler wagen sich auf die Eisdecke. Ein für mich unverständlicher Spaß. Man haut ein Loch ins Eis, hängt die Angel rein, und wartet auf mitgebrachten Klappstühlen darauf, dass Fische anbeißen, die man nachher zerhackt und an die Hühner verfüttert. Aber es ist ein ergiebiges Gesprächsthema, wenn man nicht weiß, worüber man sonst mit den Männern reden soll.

Immer wieder ist es die Schönheit der Natur um mich herum, die mich aufmuntert und mir neue Kraft schenkt. Leider ist der Mensch ein Gewohnheitstier. Und so bin auch ich nicht davor gefeit, hin und wieder den Blick für all das Wunderbare, das mich umgibt, zu verlieren. Wie wichtig ist es aber, die herrliche Natur nicht als selbstverständlich anzusehen, sondern sie als das wahrzunehmen, was sie ist, nämlich Gottes ganz besonderes Geschenk an uns!

Bei meiner Heirat mit Michael wusste ich, was ihm die Uckermark bedeutet. Ich war mehrfach mit ihm dort gewesen, wusste also inzwischen auch, wo sie lag, und war selbst hingerissen von ihrer tiefen Schönheit. Wie sehr ich diesen Landstrich aber lieben lernen würde und dass es mich einmal dauerhaft hierhin verschlagen würde, war damals nicht abzusehen. Die Hoffnung auf eine wenigstens teilweise Rückgabe des Familienbesitzes hatte wie gesagt bereits begraben werden müssen, und erste Bemühungen um Land in der Uckermark waren gescheitert. Das politische Klima war unglaublich rau und es kam von so vielen Seiten Gegenwind, dass es ganz danach aussah, als würde uns eine Rückkehr in unsere Heimat auf ewig verwehrt bleiben – oder zumindest so sehr erschwert, dass wir von selbst Abstand davon nehmen würden. Ich persönlich hatte das Thema eigentlich längst zu den Akten gelegt, als ich eines Morgens die Augen aufschlug und bemerkte, dass Michael aufrecht neben mir im Bett saß. Daran war erst einmal nichts Eigenartiges. Ich hatte mich inzwischen daran gewöhnt, dass Michael mit sehr viel weniger Schlaf als ich auskam. Doch an diesem Morgen wirkte er ganz besonders hellwach. Er schien lange darauf gewartet zu haben, dass auch ich endlich ansprechbar war, denn als ich ihn fragend ansah, brach es nur so aus ihm heraus: „Und ich mach es doch!" Da zog ich mir erst einmal wieder die Bettdecke über den Kopf.

KAPITEL 4

LICHTENHAIN

„Und ich mach es doch!" – fünf kleine Worte, die unser Leben auf den Kopf stellten. Unser Leben, das gerade in so wohlgeordneten Bahnen verlief. Wir wohnten in einer nett eingerichteten Doppelhaushälfte bei Helmstedt, das genau zwischen Braunschweig und Magdeburg liegt und vielen deshalb bekannt ist, weil sich hier während der deutschen Teilung der wichtigste Grenzübergang zwischen der Bundesrepublik und der DDR befand. Michael arbeitete von Helmstedt aus als landwirtschaftlicher Berater, nach 1990 vorwiegend in Sachsen-Anhalt, ich hatte eine Anstellung als Sekretärin gefunden. „Das ist nicht euer Ernst!", rief eine meiner Freundinnen entsetzt, als ich ihr von der neuesten Entwicklung berichtete. „Und das machst du wirklich mit?" Für mich aber stand nicht eine Sekunde lang zur Debatte, ob ich das mitmachen würde. Ich war noch so frisch in diesen großartigen Mann verliebt, dass ich mit ihm überallhin gegangen wäre.

Wir begannen mit der Suche nach dem richtigen Stück Land. Da sich das von Helmstedt aus etwas schwierig gestaltete, verbrachten wir unzählige Wochenenden in einer kleinen Ferienwohnung in Boitzenburg. Freitagnachmittags fuhren wir los. Erst über die A2, vorbei an Magdeburg, Burg und Brandenburg an der Havel bis zum Dreieck Werder, dort der Wechsel auf die A10, die uns um Berlin herumführte, und schließlich das letzte Stück über die holprige, einsame, nur von einigen polnischen Autos befahrene A11, die uns hinauf in die Uckermark brachte. Bald kannte ich die 315 Kilometer lange Strecke nach Boitzenburg besser als den Inhalt meiner Handtasche. Wenn wir bei Pfingstberg von der Autobahn abfuhren, wusste ich, dass wir es wieder einmal fast geschafft hatten. Auch Asja, unser Hund, eine Bracke, blühte förmlich auf, wenn die ersten hügeligen Felder in Sicht kamen. Unzählige Male schob sie ihre Nase durch das einen Spalt breit geöffnete Fenster, wenn wir über das Boitzenburger Kopfsteinpflaster fuhren. Sie schnüffelte so süß, als wolle sie mit allen Sinnen die gute Uckermärker Luft in sich aufnehmen.

Die Samstage verbrachten wir mit unzähligen Erkundungen der näheren und weiteren Umgebung. Zwar kannte Michael die Gegend durch seine vielen Sommerbesuche recht gut, doch nun galt es, sie mit dem prüfenden Blick des studierten Landwirts erneut in Augenschein zu nehmen. Schließlich wollten wir nicht irgendein Stück Land pachten, sondern eines, das eine erfolgreiche Bewirtschaftung versprach. Michael hatte sich eine Flurkarte besorgt, auf der alle Flächen markiert waren, die zur Verpachtung bzw. zum Verkauf standen. Es war ein in jeder Hinsicht heißer Sommer. Unser alter, geliebter blauer Passat war eigentlich immer voll bepackt mit Koffern, Karten, Akten, unserem Picknickkorb und Asja. Von Boitzenburg aus starteten wir zur Besichtigung der verschiedensten Felder. Das sah dann so aus, dass ich fuhr, Michael irgendwann „Halt hier mal an!" rief, ausstieg und die Karte auseinanderrollte, Asja hinter ihm herpeste, erst einmal die Chance ergriff abzuhauen, ein Windstoß kam, die Karte fortriss und Michael zu einem Sprint über den Acker zwang, ich währenddessen den Picknickkorb herausholte und die Teekanne suchte, nur um alles schleunigst wieder einzuräumen, wenn Mann und Hund angelaufen kamen. Dann stiegen wir nämlich alle zurück ins Auto, fuhren ein Stückchen weiter, und das ganze Spiel begann von vorne. Unzählige Male. Für meinen nicht vorhandenen Orientierungssinn bestanden die Felder im Nachhinein aus der Misthaufenecke, der Stelle, an der wir die Seeadler sahen, der Stelle, an der wir steckenblieben, der Stelle, an der Asja weglief und der Stelle, an der wir endlich Picknick machten. Für Michael bestanden sie aus Weizen, Roggen, Gerste und Bodenpunkten.

Ich versuchte Michael so gut wie möglich zu unterstützen, aber offen gesagt war ich ihm keine große Hilfe. Schließlich hatte ich überhaupt keine Ahnung von Bodenverhältnissen oder dem Ackerbau als solchem. Trotzdem bemühte ich mich, ihm über meine bloße Anwesenheit hinaus auch mit Rat und Tat zur Seite zu stehen. „Ich glaube, ich habe den passenden Ort für unseren Neuanfang gefunden", verkündete ich eines Tages, als ich mal wieder die Karte studierte. „Ach ja, hast du das?" Michael klang amüsiert. „Ja. Schau mal hier. Der Ort heißt Lichtenhain." Begeistert trommelte ich mit dem Zeigefinger auf dem Ortsnamen herum. „Ich habe zwar keine Ahnung, wie das Land da ist, aber ist der Name nicht schön? Das passt doch prima zu dem, was wir hier schaffen wollen! Lass uns da mal hinfahren." Michael erfüllte mir diesen Wunsch. Da Lichtenhain eines der ehemaligen Vorwerke von Boitzenburg war, gehörte es ohnehin zu einer der Optionen für den Betriebssitz. Weit hatten wir es nicht nach Lichtenhain. Nur vier Kilometer lag es von Boitzenburg entfernt und die kurze Fahrt dorthin war wunderschön. Eine der alten Kastanienalleen führte uns durch die Kurven am Suckowsee Richtung Klaushagen. Man konnte linkerhand das türkis-blaue Wasser des Sees durch das Blattwerk funkeln sehen. Danach führte uns eine leichte Anhöhe nach Klaushagen und von dort an unseren Zielort. „Schau mal nach links", sagte Michael plötzlich. „Warum?", wollte ich wissen. „Das ist Lichtenhain. Siehst du das Gebäude da ganz links? Das ist das frühere Gutshaus." Die wenigen Häuser des Ortes schmiegten sich verschlafen an die sanften Hügel des Erdbodens.

Am Ortseingang von Lichtenhain begrüßte uns der Block. Der Block oder *12 WE* ist die geläufige Bezeichnung für einen typischen DDR-Wohnblock mit meist 12 Wohnungen, wie er hier selbst im kleinsten Dorf steht. Schließlich sollte jeder DDR-Bürger die gleichen Wohnbedingungen haben, egal ob auf dem Dorf oder in der Stadt. Zur Zeit ihrer Entstehung waren diese Plattenbauwohnungen sehr begehrt. Sie boten den Luxus von fließend warmem Wasser und später sogar Zentralheizung und WC. Seit der Wende ist das Interesse an den Wohnungen deutlich gesunken, viele stehen inzwischen leer und die ersten Wohnblöcke werden „zurückgebaut", auch weil Arbeit auf den Dörfern fehlt. Es ist ein höchst merkwürdiges Gefühl, in einem kleinen Dorf wie Lichtenhain in den *12 WE* hineinzugehen. Wenn man die Treppen in den dritten Stock hinaufsteigt, kann es glatt passieren, dass man sich in der Großstadt wähnt und vollkommen vergisst, dass man mitten auf dem Land ist. Der Ausblick von dort oben ist allerdings umwerfend schön.

Unmittelbar vor dem *12 WE* bogen wir nach links ab und fuhren im ersten Gang eine unbefestigte, mit Schlaglöchern durchzogene Straße entlang, die zum Gutshaus führte. Unsere Ankunft blieb nicht unbemerkt. Als wir ausstiegen, sah ich die eine oder andere Gardine, die beiseitegeschoben wurde und neugierige Blicke, die zu fragen schienen: ‚Was wollt ihr denn hier?‘ Durch unser Nummernschild waren wir immer leicht als aus dem Westen kommend zu identifizieren. Michael und ich gingen langsam um das zweistöckige Gutshaus herum, das einen heruntergekommenen Eindruck machte. Anscheinend war hier in den letzten fünfzig Jahren nicht viel gemacht worden. Im Garten hinter dem Haus hatte jede Mietspartei ihren eigenen abgezäunten Bereich mit Verschlägen für Holz und Hühner. In einigen Gärtchen wuchs Gemüse und Salat heran, in anderen tummelten sich laut schnatternde Gänse. Mich begeisterten vor allem die riesige alte Kastanie und die noch ältere Eiche, die den weitläufigen Garten überschatteten. An den Garten grenzte direkt das erste Feld. Nachdem Michael sich das umliegende Land genauer angesehen und ich ausgiebig den Panoramablick über den weitläufigen, leicht abschüssigen Acker sowie das Wäldchen, in dem der Suckowsee lag, genossen hatte, schlenderten wir durch einen alten Apfelweg zurück zum Haus. Wir umrundeten eine recht zerfallene alte Scheune, um zurück zum Haupthaus zu gelangen, als wir plötzlich bemerkten, dass vor den zu DDR-Zeiten gebauten Ställen rechts von uns inzwischen eine freundlich schauende Frau saß. Sie hatte es sich auf einer Bank gemütlich gemacht und genoss allem Anschein nach die letzten Strahlen der Nachmittagssonne. Wir stellten uns ihr vor, erfuhren, dass sie eine der Bewohnerinnen des Gutshauses war und erzählten ihr von unseren Plänen, hier eventuell einen landwirtschaftlichen Betrieb aufzubauen. „Na denn machen Se mal!“, sagte sie nur. Sie wusste nicht, was diese Worte in mir auslösten. Zusammen mit dem wundervollen Namen Lichtenhain waren sie für mich die Bestätigung, dass dies der Platz war, an dem wir unseren Neuanfang wagen sollten. „Findest du nicht auch, dass dies der richtige Ort für einen Anfang ist?", sagte ich begeistert zu Michael, als wir wieder im Auto saßen. „Ja, darüber sollten wir ernsthaft nachdenken", erwiderte er etwas sachlicher.

Kapitel 5

Der Einzug

Wie immer hatte ich erwartet, dass alles ganz schnell gehen würde, nachdem wir entschieden hatten, wo wir künftig leben wollten. Doch weit gefehlt. Unser Versuch, das ehemalige Gutshaus in Lichtenhain zurückzukaufen, scheiterte kläglich, und auch unsere Bemühungen um einen Pachtvertrag für die umliegenden Felder gestalteten sich äußerst schwierig. Die bisherigen Bewirtschafter der Flächen wandten von Anfang an alle ihnen zur Verfügung stehenden Mittel an, um zu verhindern, dass wir pachteten oder gar bewirtschafteten. Sie sorgten für so viel Unruhe, dass sich schließlich sogar hochrangige Politiker in den Fall einschalteten und sich intensiv mit dieser Einzelfrage beschäftigten. Selbst der damalige Bundesfinanzminister Waigel wurde in einem zweiseitigen Brief aufgefordert, sich gegen unseren Pachtvertrag auszusprechen, und Ministerpräsident Stolpe wandte sich im Deutschlandfunk gegen uns. All diese Aktionen wurden von den Journalisten natürlich ausschmückend begleitet, und das nicht zu unserem Wohl. Wahrscheinlich können sich nur wenige vorstellen, was es für ein Gefühl ist, morgens die Zeitung aufzuschlagen und schon wieder einen Artikel zu entdecken, der in verletzender Weise die eigenen Bemühungen diffamiert, gerade hier etwas bewegen zu wollen. Es ging uns ja nicht nur darum, uns auf dem Land unserer Vorfahren selbständig zu machen, sondern in erster Linie darum, etwas zu gestalten. Wenn man damals die Zeitungsartikel las, drängte sich einem jedoch der Eindruck auf, es ginge uns darum, an den feudalen Lebensstil unserer Vorfahren anzuknüpfen und künftig in Saus und Braus das adelige Leben zu genießen. Ganz ehrlich – keiner, der sich das Lichtenhainer Gutshaus selbst angeschaut hatte, konnte ernsthaft der Überzeugung sein, dass ein Umzug hierhin irgendwelche Annehmlichkeiten mit sich brachte. Doch damals herrschte eine unglaubliche Angst vor einem Ausverkauf des Ostens, davor, dass sich irgendwelche „reichen Wessis" für einen Appel und ein Ei sämtliche lukrativen Besitztümer unter den Nagel reißen konnten. Ich möchte keinesfalls behaupten, dass es so etwas nicht auch gab – obwohl mir heute noch ganz schlecht wird, wenn ich daran denke, welche Unsummen wir 1997 zahlen mussten, als es uns endlich gestattet wurde, unser Haus zurückzukaufen – ‚aber wenn ich heute sehe, wie verzweifelt sich viele Gemeinden darum bemühen, die immer weiter verfallenden Gutshäuser irgendwie loszuwerden und zu Niedrigpreisen an den Mann zu bringen, macht mich das schon nachdenklich. Es ist interessant, jetzt Dörfer zu besuchen, in denen das Gutshaus verfällt, ist es doch oft der Mittelpunkt eines Dorfes, der eigentlich Menschen anzieht und sich positiv auf die Umgebung auswirkt. Mitte der 90er Jahre wurden einem so viele Steine in den Weg gelegt. Unzählige Aufbauwillige haben sich davon abschrecken lassen – was ich ihnen nicht verübeln kann. Doch was wäre wohl passiert, wenn das Klima anders gewesen wäre? Was wäre passiert, wenn das Parlament nicht verkannt hätte, welches Aufbaupotential gerade in der Gruppe der vertriebenen Familien lag? Wenn die Alteigentümer ihre unternehmerischen und verbindenden Fähigkeiten hätten einbringen können? Wie sähe es dann hier aus? Denn heute steht eines außer Frage: Dieses Land hat mehr unternehmerische Manpower verdient.

Die Hetzkampagne ging nicht spurlos an uns vorbei. Sie kostete uns viele Nerven, mich unzählige schlaflose Nächte und stimmte uns sehr nachdenklich hinsichtlich des Verhaltens vieler Politiker in unserem Land. Aber sie machte uns auch um wichtige Erfahrungen reicher. Uns wurde immer bewusster, wie viele Entscheidungen tatsächlich allein auf der Basis politischer oder persönlicher Interessen gefällt wurden, ohne Berücksichtigung der sachlichen und rechtlichen Gegebenheiten. Manchmal schien es uns, als erführe in unserem Land derjenige die meiste Berücksichtigung, der am lautesten schrie, selbst wenn er im Unrecht war. In dieser Situation lernten wir ganz neu, alle Sorgen auf Gott zu werfen und darauf zu vertrauen, dass er Gerechtigkeit schafft (Ps. 103,6). Nach einem harten Kampf und langem Hin und Her bekamen wir im Oktober 1994 schließlich doch unseren Pachtvertrag. Aus dem großelterlichen Besitz durften wir eine kleine Teilfläche pachten. Nun musste nur noch das Problem gelöst werden, wo wir wohnen sollten. Daran, dass man uns das ehemalige Gutshaus nicht verkaufen wollte, hatte sich nichts geändert. Also mieteten wir die einzige leer stehende Wohnung in dem Gebäude und wurden damit zur Mietspartei Nummer Neun. Bis zum Ende des Zweiten Weltkriegs hatte der Verwalter des Vorwerks Lichtenhain mit seiner Familie hier gewohnt. Die

Angestellten des Gutes waren im Anbau untergebracht gewesen. Doch nach der Vertreibung im Jahr 1945 waren mehrere Flüchtlingsfamilien einquartiert worden, von denen die meisten dauerhaft geblieben waren, sodass es im Haus inzwischen eine Vielzahl kleiner Wohnungen gab. Zeitweise waren sogar der örtliche *Konsum*, eine Fleischerei und vieles mehr in diesem Haus gewesen.

Im April 1995, genau fünfzig Jahre nach der Vertreibung, war es endlich so weit. „Das ist ein historischer Moment, ist dir das eigentlich klar?", sagte ich zu Michael, als wir mit dem Umzugswagen in Kuhz um die Kurve bogen und uns Lichtenhain näherten. „Merkst du das, das ist historisch!" Begeisterung und Vorfreude machten sich in mir breit. Nach Monaten der Planung und Vorbereitung zogen wir nun wirklich in das Gutshaus, das einmal den Großeltern von Michael gehört hatte. Auch wenn Michaels Familie nie in Lichtenhain gelebt hatte, so war es doch immerhin eines der drei landwirtschaftlichen Vorwerke zum Gutsbetrieb Boitzenburg gewesen. Hier hatten die Pächter und Verwalter gelebt und wir kehrten jetzt an diesen Ort zurück. Michael hatte für meinen Enthusiasmus nur ein Gähnen und ein beiläufiges Schulterzucken übrig, weil er gedanklich schon ganz bei dem war, was es alles zu erledigen gab.

Obwohl auch ich todmüde war, hielt ich einen Moment inne, nachdem ich in Lichtenhain aus dem Umzugsauto gestiegen war, und sah mich um. Zwar hatte ich in den letzten Monaten jeden freien Augenblick hier verbracht, doch ich wollte mir alles ganz genau einprägen, damit ich mich immer an diesen besonderen Moment würde zurückerinnern können. Der Anblick, der sich mir bot, schaffte Raum für viele Visionen und beflügelte meine

Kreativität. Vor meinem inneren Auge sah ich Geranien auf den Fensterbänken, geschotterte Wege und überbordende Blumenbeete. Aber nur vor meinem inneren Auge. Dennoch freute ich mich, dass wir endlich angekommen waren. Es war unsere ganz persönliche, nie bereute Entscheidung, gerade hierher zu ziehen. Viel Zeit zum Innehalten blieb uns allerdings nicht. Schließlich wollten wir in dieser Nacht nicht auf dem Hof, sondern in unserer neuen Wohnung nächtigen. Wobei neu sich allein auf die Tatsache bezog, dass sie neu für uns war, nicht auf ihren Zustand. Michael und ich hatten uns zwar die größte Mühe gegeben, die winzige Wohnung auf Vordermann zu bringen, doch die Renovierung war noch längst nicht abgeschlossen. Wie lange nichts mehr an diesem Haus gemacht worden war und welcher von Michaels Vorfahren die letzte Instandsetzungsmaßnahme veranlasst hatte, konnte ich höchstens erahnen.

Tapfer machten unsere Umzugshelfer und wir uns daran, die ausgetretenen Stufen bis zu der von uns gemieteten Wohnung zu erklimmen. Unsere sämtliche Habe plus Klavier musste über eine kleine schiefe Holztreppe ganz nach oben getragen werden, vorbei an vier der übrigen acht Mietparteien, denn wir hatten eine der Dachgeschosswohnungen gemietet. Bestehend aus Küche, Schlafzimmer und einem Raum für Wohnzimmer und Büro. Vor dem Krieg hatte hier die Mamsell gewohnt. Nach 1945 hatte eine Flüchtlingsfamilie in den Räumen Unterschlupf gefunden und danach unzählige andere Menschen.

Unsere Umzugshelfer beäugten kritisch den Zustand des Hauses und unserer Wohnung, verkniffen sich aber netterweise jeglichen Kommentar, vermutlich aus Angst, uns damit die Scheuklappen von den Augen zu reißen und auf den harten Boden der Realität zurückzuholen. Nur den Helfer, der die Umzugskisten mit der Beschriftung „Bad" in die Wohnung getragen hatte, ertappte ich dabei, wie er kopfschüttelnd die Treppe hinunterstapfte.

Der Umzugswagen und wir blieben natürlich nicht unbemerkt. Unsere Nachbarn und Hausgenossen ließen es sich nicht nehmen, uns gleich einmal persönlich zu inspizieren. Wie im Fluge schien sich die Nachricht von unserer Ankunft im ganzen Dorf verbreitet zu haben – was in einem Einhundert-Seelen-Dorf natürlich kein allzu großes Wunder ist. Und so tauchten einige hier auf, um sich ein erstes Bild von uns zu machen. Alle waren neugierig, die meisten standen uns aber reserviert gegenüber, waren erst einmal vorsichtig. Es gab ja auch so viel zu verdauen, nach all den unerquicklichen Presseartikeln und Besuchen der Presse vor Ort ohne uns. Was waren wir auch nicht alles: Wessis, Unternehmer, Grafen, Arnims! Das war natürlich ein bisschen viel. Aus sicherer Entfernung wurde in Augenschein genommen, was wir so ins Haus schleppten. Nicht nur unser Briefkasten, der nagelneu war, baumarktblau leuchtete und sich vom DDR-Einheitsmodell deutlich abhob, sondern auch unsere Gardinenstangen waren Anlass zu einigen Bemerkungen. „Kiek dir dit mal an, sogar joldene Gardinenstangen ham se", hörten wir einen der Dorfbewohner sagen. Michael und ich sahen uns amüsiert an und ich dachte bei mir: ‚Hätten wir die Ikea-Verpackung doch bloß drangelassen!'

Als der Frühlingstag sich seinem Ende neigte, war der Umzugswagen leer und unsere kleine Wohnung brechend voll. Sehr zur Freude unserer Umzugshelfer hatte das Klavier seinen Platz neben dem Bett gefunden. Aber wo hätten wir sonst damit hingesollt? „So schlecht ist der Standort doch auch gar nicht", sagte ich zu Michael, als wir an diesem Abend im Bett lagen. Obwohl noch keine einzige Umzugskiste ausgepackt war, hatten wir für diesen Tag die Segel gestrichen. „So kann ich nachts wenigstens nicht aus dem Bett fallen!" „Hm", machte Michael, der schon halb eingeschlafen war. Ich lag noch eine Zeitlang wach, starrte in die vollkommene Dunkelheit hinein und lauschte den vertrauten Atemzügen meines Mannes. Schließlich wurden auch mir die Augen schwer. Das war er also: Der erste Tag meines neuen Lebens.

KAPITEL 6

ALLES AUF ANFANG

Unser Umzug nach Lichtenhain ließ Welten aufeinanderprallen. Die Wiedervereinigung war schließlich erst knapp fünf Jahre her und die Uckermark eine äußerst strukturschwache Gegend. Anders als in den ostdeutschen Großstädten und Gebieten an der ehemaligen Grenze hatte sich hier seit der Wende wenig getan. Der westdeutsche Lebensstandard hatte bei weitem noch nicht Einzug gehalten. Woher hätte auch das Geld für irgendwelche Erneuerungen oder gar Luxusartikel kommen sollen? Es war also nicht weiter verwunderlich, dass das Interesse an uns und unserer Einrichtung groß war.

Irgendwann kam der Tag, den ich einerseits herbeigesehnt, aber andererseits auch gefürchtet hatte: Die Computer und damals noch großen Bildschirme für unser Büro wurden geliefert. „Puh, wenn erst mal die Computer kommen, bricht hier womöglich alles zusammen", hatte ich Michael im Vorfeld meine Befürchtung geklagt. Diese erwies sich zwar als deutlich übertrieben, aber die PCs wurden doch mit Interesse wahrgenommen. Man glaubt es heute nicht mehr, aber schließlich war der Telefonanschluss gerade erst siegreich errungen. Das Handy bestand damals noch aus einem großen, schwarzen, eingebauten Koffer im Auto, auf dem Motorola stand! Ich machte mich gleich nach der Anlieferung daran, meinen Schreibtisch einzurichten und den für mich bestimmten Computer aufzustellen. Minutenlang kroch ich unter dem Tisch herum, versuchte die vielen Kabel zuzuordnen und alles richtig anzuschließen. Schließlich war es geschafft. Stolz drückte ich auf den Startknopf, um mich davon zu überzeugen, dass ich auch wirklich nichts falsch gemacht hatte, kam unter dem Tisch hervor und ließ mich auf meinen Schreibtischstuhl fallen. Während ich darauf wartete, dass der Computer hochfuhr, glitt mein Blick aus dem Fenster zum Hühnerstall hinüber. Dort standen vier Lichtenhainer, die guckten, was ich da machte. Für noch mehr Gesprächsstoff sorgte allerdings die erste Spülmaschine in Lichtenhain. Michael wurde ausgiebig dafür bedauert, eine so faule Frau zu haben, die noch nicht einmal das Geschirr spült.

Meine Eltern hatten mir immer wieder von den inniglichen, über Generationen gewachsenen Dorfgemeinschaften in ihrer Heimat vorgeschwärmt, von dem guten Miteinander, dem In-alles-eingebunden-Sein. Aber natürlich hatte in Lichtenhain niemand auf unsere Ankunft gewartet. Die letzten 50 Jahre waren an keinem spurlos vorübergegangen. Die Zeit der deutschen Teilung hatte eine tiefe Schlucht zwischen Ost und West entstehen lassen, die sich nicht so einfach zuschütten ließ. Beharrlich suchte ich nach einer Möglichkeit, diese Schlucht irgendwie zu überbrücken. Ich hoffte inständig, dass alles einfacher würde,

Gutshaus Lichtenhain bald auf West-Standard – und dann?

Michael und ich vor unserer Scheune

Das Gutshaus Lichtenhain kurz nach unserem Einzug.
Der Briefkasten steht noch!

Das leuchtend weiß gestrichene Fenster

Verschönerungsversuch auf dem Boden vor
unserer Wohnung – 1997

Einer der letzten Holzverschläge im ansonsten schon hergerichteten Garten

Die Mostscheune
früher und heute

Der Suckow-See

Asja auf dem Platz vor unserem Haus

Blick vom 12 WE

Lichtenhain

Regenbogen über Lichtenhain

Der 12 WE

Hühnerzucht in Lichtenhain

Blick aus dem 12 WE zum Trebow-See hin

Die Nachbarjungen mit Asja auf Mäusejagd

Die Kastanie in unserem Garten

Der alte Apfelweg versinkt im Raps

Schloss Boitzenburg –
über Jahrhunderte der Stammsitz der Arnims,
heute ein Kinder- und Familienhotel

Inschrift über dem Eingangsportal Schloss Boitzenburg – 4 km von
Lichtenhain entfernt

Schloss Boitzenburg

Das Erbbegräbnis der Arnims; ein Löwe guckt zum Schloss und einer zur Kirche

aschhaus und Beamtenhäuser Boitzenburg früher

Waschhaus und Beamtenhäuser gestern

eamtenhäuser heute

Kirche Klaushagen

Wunderschö

Uckermark

Land der traumhaften Sonnenuntergänge

Hügelige Uckermark

Kopfsteingepflasterte Allee im Abendlicht

Eine der vielen Alleen auf dem Weg nach Templin

Badesee auf dem Weg nach Templin

Abendstimmung am Suckow-See

Seenreiche Uckermark

Apfelblüte
in der
Uckermark

Holzengelproduktion mitten im Sommer –
eine meiner vielen Geschäftsideen

Erntefest in unserer Scheune

wenn mich die Menschen hier erst einmal besser kannten. Und im Hinblick darauf war es wirklich eine großartige Sache, dass wir mit acht anderen Parteien in einem Haus wohnten. Denn so wurden wir anfassbar. Unsere Mitbewohner bekamen mit, wie hart wir arbeiteten, dass wir uns darum bemühten hilfsbereit, freigebig, offen und immer zu einem Plausch bereit zu sein. Wenn man auf so engem Raum zusammenwohnt, fällt es schwer, etwas für sich zu behalten. Eine sehr nette Frau, die schräg gegenüber vom Gutshaus wohnte, erzählte mir eines Tages lachend, dass ihr zehnjähriger Enkel ganz entsetzt gewesen sei, als sie ihm Michael gezeigt habe. „Aber Oma, das kann doch nicht in echt der Graf sein. So sieht der doch bestimmt nicht aus. Der ist ja ganz schmutzig!" Michael hatte einfach seine Arbeitsklamotten an.

Auch bei einigen Nachbarn riefen wir immer wieder Belustigung, Irritation und Kopfschütteln hervor. So zum Beispiel, als wir unserer Asja einen Plastiktrichter um den Hals banden, damit sie sich die ohnehin schon wunden Stellen an ihrer Pfote nicht noch wunder lecken konnte. Unsere Maßnahme bedurfte eingehender Erklärung, und am „Konsum" – einem damaligen Treffpunkt neben unserem Haus, an dem sich täglich einige Männer versammelten, um gemeinsam etliche Bierchen zu zischen oder Schnäpse zu kippen – gab es entsprechendes Gelächter. „Ihr spinnt doch, wie kann man nur so'n Theater mit so 'nem Köter machen … Hund mit Tüte!" Ein bisschen recht hatten die Männer natürlich schon. Ich wusste ja selbst, was für einen Aufstand ich um diesen Hund machte. Aber Asja war eben Asja.

Anfangs fühlte ich mich in Lichtenhain noch etwas fremd und hin und wieder auch einsam. Ich vermisste meine Freundinnen und sehnte mich nach mehr Kontakt. Als wir nach einigen Monaten endlich durchsetzen konnten, dass Lichtenhain an das Versorgungsnetz der Telefongesellschaft angeschlossen wurde, wurde es etwas besser. Und dann schafften wir uns ein Fax an. Ein wahrer Segen für mich. Beinah jeden Tag schrieb ich nun seitenlange Briefe, die ich meist an meine Schwiegermutter faxte, und hielt so den Kontakt mit der „Außenwelt". Mehrere Jahre lang ließ ich sie haarklein an unserem Alltag teilhaben und stürzte gleich beim ersten Klingeln zum Fax, um ihren Antwortbrief aufzusaugen.

Nach und nach kamen jedoch auch in Lichtenhain die Dinge in Bewegung. Unvergessen ist mir der Tag, an dem mich zwei der Lichtenhainer Frauen fragten, ob ich nicht einmal zu einem Treffen der Frauenselbsthilfegruppe mitkommen wolle. Ich war sehr froh und voller Vorfreude. Nicht dass ich irgendeine Ahnung gehabt hätte, was eine Frauenselbsthilfegruppe war, aber das war mir auch vollkommen gleichgültig. Jemand wollte mich dabeihaben, ich war eingeladen zu einem Treffen! Inzwischen weiß ich, dass diese Frauenselbsthilfegruppe einfach eine Gruppe war, die sich in mehr oder weniger regelmäßigen Abständen traf, meist zu einem Kaffeeklatsch oder um Feste zu organisieren oder mal ins Theater nach Schwedt zu fahren. Heute ist diese Gruppe ein Frauenchor. Leider schaffe ich es nicht mehr teilzunehmen, doch ich bin jenen Frauen bis heute unendlich dankbar, dass sie mich besucht und eingeladen haben. Denn dadurch hatte ich mit einem Mal das Gefühl, in Lichtenhain angekommen zu sein.

KAPITEL 7

DER BERATERBESUCH

Nach und nach wurde der Zustand unserer Wohnung besser. Eine meiner ersten größeren Anschaffungen war ein Industriestaubsauger gewesen. Er war härter im Nehmen als mein alter und saugte ohne Erbarmen alles ein, was ihm in die Quere kam. Ich war ihm dafür unendlich dankbar, aber manchmal überkam mich fast ein bisschen Wehmut, denn in diesem Haus schien alles irgendwie eine Geschichte zu erzählen. Dass sich hier auch einige Tragödien ereignet hatten, erfuhr ich erst nach und nach. In der Räucherkammer hatte sich vor dem Krieg einer der Verwalter erhängt, die wunderschöne Frau des letzten Verwalters war von den Russen direkt nach dem Krieg brutal vergewaltigt worden und an den Folgen gestorben, und im Keller war ein polnischer Junge von einem Nazi gequält und misshandelt worden. Als wir den Dachboden entrümpelten, holten unsere Männer einen ganzen Container Dreck dort herunter und fanden außerdem eine leere Flasche Champagner aus dem Jahr 1933, einen Damen-Not-Schuh aus Holz, einen Patronengurt und weitere interessante Dinge. Leider jedoch keine Schätze! Alles wurde radikal entsorgt, auch wenn es mir schwerfiel, aber ich wollte einfach nicht, dass sich in wiederum fünfzig Jahren erneut jemand durch das Gerümpel auf dem Dachboden kämpfen und darüber aufregen musste, dass die Vorbesitzer anscheinend niemals etwas weggeschmissen und wohl überhaupt keinen Sinn für Ordnung gehabt hatten. Wobei derjenige damit bei mir gar nicht so falsch gelegen hätte – was den Ordnungssinn angeht, nicht den Sammelwahn. Tatsächlich habe ich keinen ausgewiesenen Hang zur Ordnung. Michael ist sehr strukturiert und klar; ich selbst hingegen sehe das Leben etwas entspannter. Doch Michael inspirierte mich und so holte ich mir schon bald nach unserer Eheschließung Hilfe, und zwar in Form von Büchern. Mein Buchhändlerinnenherz wusste, dass es nichts gibt, was man nicht aus Büchern lernen kann, begab sich auf Recherche und – wurde fündig. „Das Chaos ist besiegt!", „Im Chaos bin ich Königin", „Im Chaos werden Rosen blühen" und all die anderen Chaos-Bücher von Sandra Felton wurden zu meinen ständigen Begleitern. Und sie halfen tatsächlich. Als ich beim letzten Band angelangt war, ordnete ich jeden Tag eine Schublade oder ein Fach in unserer Wohnung und versuchte so ordentlich wie möglich zu sein. Michael war ganz erstaunt, weil er mich fast nicht wiedererkannte, aber ich nahm mir vor, kontinuierlich dranzubleiben. Die Bücher hatten mich mit lauter guten Tipps und Weisheiten versorgt wie „Gehe nie aus dem Zimmer, ohne noch etwas zu richten", „gehe nie mit leeren Händen eine Treppe runter", „schaffe immer freie Flächen", „auch ein leeres Regal ist ein gutes Regal", „du bist ein würdevoller Mensch, auch wenn du nicht ordentlich bist", und so weiter und so fort. Bis heute drängen sich diese Sätze immer wieder in mein Bewusstsein. Und sie haben sich dort so stark verankert, dass niemand, der heute durch meinen Betrieb geht, glaubt, dass mir dieses Thema einmal Kopfschmerzen bereitet hat. Alles ist durchorganisiert und liegt an seinem Platz – einem reibungslosen Ablauf steht nichts im Wege. Ist es nicht herrlich, was man alles aus Büchern lernen kann?

In unserer Wohnung wurde es von Tag zu Tag ein klein wenig schöner. Ich strich das Wohnzimmerfenster, das nach fünfzig Jahren bestimmt zum ersten Mal einsam und weiß in die Ferne leuchtete, bepflanzte einen Balkonkasten und organisierte die noch ausstehenden Instandsetzungsmaßnahmen. „Bei euch wird et ja wie im Hotel", staunte mein Nachbar, der unter uns wohnte und mir bei den ewigen Renovierungsaktionen immer rührend Gesellschaft leistete. Dabei brachte er mir die ersten Brocken uckermärkisch bei – „Ik kann det. Wat, det jeet nich? Nee, wees ik ooch nich …"

Trotz aller Verschönerungsmaßnahmen machte sich in mir Panik breit, als Michael eines Tages verkündete, dass wir demnächst den ersten offiziellen Besuch erwarteten, nämlich einen seiner Beratungskunden aus Schleswig-Holstein. Plötzlich stachen mir wieder unzählige Mängel ins Auge, die unbedingt noch beseitigt werden mussten, bevor der wichtige Besuch kam. Also schnappte ich mir einen von Michaels Mitarbeitern und zwangsverpflichtete ihn dazu, mir zu helfen. In tagelanger Arbeit machten wir noch schnell eine Tür gängig, verlegten Linoleum und nahmen sonstige Ausbesserungen vor. Doch diese Schönmachversuche hätte ich mir sparen können. Wahrscheinlich wäre es besser gewesen, ich hätte überall kleine Zettelchen hingehängt: „Ja, ich weiß, hier müsste dringend eine neue Lampe angebracht werden", „Natürlich braucht der Flur einen vollkommen neuen Anstrich", „Sicher, hier fehlt noch Stoff", „Na klar, der Teppichboden im Wohnzimmer ist wirklich zu billig, aber verstehen Sie doch, es ist nur eine Mietwohnung", „Ja, Sie haben völlig recht, das Klavier neben dem Bett, was für ein Zustand, und dann auch noch den Besuch durchs Schlafzimmer leiten zu müssen, was für eine Zumutung!" Der edle Kunde sagte kein Wort, aber seine Blicke sprachen Bände. Er äußerte sich lediglich zu den schönen, modern gefliesten Bädern, die er in seinem Haus hatte. Kaum saßen die Männer am Küchentisch, vor ihnen die Konzeptpapiere und sonstige Unterlagen, trat genau das ein, was ich insgeheim schon die ganze Zeit befürchtet hatte. „Ganz in Weiß" schallte es mit einem Mal so laut durchs Haus, dass alle zusammenzuckten. Bis zur Wende hatte ich innig für Roy Black geschwärmt, doch diese zarte Liebe war in den ersten Wochen in Lichtenhain vergangen. Denn mein neuer Freund, der genau unter uns wohnte, hörte gerne Roy Black. Und zwar stets viel lauter als auf Zimmerlautstärke. „Könntest du bitte morgen ein klein wenig leiser sein?", hatte ich ihn am Vortag herzlichst gebeten. „Wir bekommen ganz wichtigen Besuch und da wäre es wirklich toll, wenn wir ein wenig Ruhe hätten." Ein freundliches Lächeln hatte sich über sein Gesicht gezogen. „Det jeet klar, Daisy!" Und nun also, keine vierundzwanzig Stunden später, „Ganz in Weiß". Ich erstarrte vor Entsetzen. Erst als ich bemerkte, dass Michael mich anstarrte, vermochte ich meine Füße vom frischverlegten Linoleum zu lösen. Inzwischen waren wir bei „La Paloma ohe" angelangt. Ich rannte die Treppe hinunter und stoppte die Katastrophe. Doch kaum war ich zurück in unserer Küche und das Gespräch wieder in vollem Gang, vernahmen wir erneut Roy Black. Erst so leise und zaghaft, dass es mir fast wie eine Wohltat erschien, doch schon wenige Augenblicke später bebte wieder das ganze Haus. Es entbehrt natürlich nicht einer gewissen Komik, vor dieser Geräuschkulisse ausgerechnet Maschinen- oder Dieselberechnungen für einen landwirtschaftlichen Betrieb zu machen – aber in diesem Moment fand ich das gar nicht witzig. Erst aus dem gnädigen Abstand von mehreren Jahren betrachtet kann ich diese Situation einfach nur urkomisch finden. Alles in allem hätte der erste wichtige Beratungsbesuch von den Rahmenbedingungen her also nicht schlechter laufen können. Dass ich extra mein gutes Porzellan auf den Tisch gestellt hatte, vermochte die Situation auch nicht mehr zu retten. Aber zumindest war in meinem Haushalt jetzt endlich mal wieder alles blitzeblank poliert.

Zur Aufmunterung gönnten wir uns am Abend einen Ausflug ins etwa zwanzig Minuten entfernt liegende Templin. Wir brauchten dringend einen Ortswechsel und eine richtig gute Pizza. Templin ist der Fläche nach die größte Stadt in der Uckermark; durch zahlreiche Eingemeindungen in den letzten Jahren ist sie mittlerweile sogar die sechstgrößte Stadt Deutschlands – wohlgemerkt auch das allein der Fläche nach. Abends durch Templin spazieren zu gehen ist ein wahrer Genuss. Die Altstadt mit dem barocken Rathaus und den vielen Fachwerkhäusern versprüht einen enormen Charme und die vollständig erhaltene Stadtmauer mit ihren Türmen und Stadttoren verleiht dem Zentrum ein ganz besonderes Flair. Das wunderbare Essen und der abendliche Spaziergang munterten uns etwas auf.

Auf der Rückfahrt kamen wir – noch in Templin – an einem riesigen Sperrmüllhaufen vorbei, den jemand auf dem Bürgersteig aufgetürmt hatte. Zu jener Zeit konnte man nie wissen, welche Schätze sich in solch einem Haufen verbargen. Einige Wochen zuvor war ich an einem ähnlichen Sperrmüll vorbeigekommen und hatte im Vorbeifahren ein zwar ramponiertes, aber dennoch wunderschönes altes Möbelstück gesehen. Hinterher hatte ich mich geärgert, dass ich es nicht einfach mitgenommen hatte. Trotz dieser Vorerfahrung packte mich kaltes Entsetzen, als Michael plötzlich das Lenkrad herumriss, über die Bordsteinkante fuhr, das Auto wenige Meter vor dem Sperrmüllhaufen zum Stehen brachte und heraussprang. „Micha, das ist peinlich, komm zurück. Oder sei wenigstens leise!" Ich versank immer tiefer in meinem Sitz. Doch Michael blieb vollkommen ungerührt. „Ach weißt du, wenn jemand kommt, sage ich einfach nur ‚Arnim-Boitzenburg, entschuldigen Sie, ich suche noch Möbel!'" Ich bin mir sicher, dass er das auch ohne mit der Wimper zu zucken gebracht hätte. Aber glücklicherweise blieb unser Herumstöbern unbemerkt.

KAPITEL 8

DIE PFÜTZE

Nicht nur unsere Wohnung und das Leben in diesem geschichtsträchtigen 150 Jahre alten Gutshaus stellten und stellen uns vor ungeahnte Herausforderungen, sondern auch das Drumherum. Die Schaffung einer halbwegs auf die Bedürfnisse eines landwirtschaftlichen Betriebs ausgerichteten Infrastruktur ist eine Aufgabe. Wir mussten erst einmal lernen, ohne so normale Annehmlichkeiten wie Starkstromanschlüsse, befestigte Straßen, Geschäfte oder gar Cafés auszukommen. Der Straßenausbau nach Lichtenhain stockte zum Beispiel eine lange Zeit. Jahrelang sind wir durch tiefe Schlaglöcher gefahren, im Sommer staubig, im Winter matschig, eine Tortur für jeden, der sie benutzte. Inzwischen haben wir eine richtige Teerstraße. Zu DDR-Zeiten gab es Planungen, derart kleine Ortschaften wie Lichtenhain einfach „zu schleifen" und auszulöschen. Doch auch wenn Besucher der Uckermark immer lobend hervorheben, wie beeindruckend leer die wunderschöne

Gegend sei, sind es doch gerade die kleinen Orte, die das Leben in der Uckermark entscheidend prägen. Sie bilden kleine Zäsuren inmitten der Weite; Lebenspunkte, die dem Ganzen Atem einhauchen.

Zu Beginn interessierte es viele Menschen, wie wir unsere Vorhaben an diesem Ort in die Realität umsetzen würden und wo wir gelandet waren. Der Besucherstrom, teilweise von mir unbekannten Menschen, wollte gar nicht mehr abreißen, sodass ich schließlich verbreiten ließ, wir würden uns zumindest über eine kurze Vorankündigung freuen. Wir hätten inzwischen Telefon. Denn es ist zwar meistens eine wundervolle Überraschung, wenn Gäste vollkommen unerwartet vor der Tür stehen, aber in der damaligen Situation war es dann doch etwas viel.

Für mich war es vor unserem Umzug unvorstellbar, dass es noch Menschen gab, die für ihre Heizung arbeiteten, sprich Holz hackten. Und so war ich anfangs doch tatsächlich der Ansicht, dass Holzhacken in erster Linie eine sinnlose Verschwendung von wertvoller Zeit sei. Doch ich wurde schnell eines Besseren belehrt. Heute ist es für mich ganz normal, dass man für eine angenehme Wärme im Haus auch etwas tun muss, weil wir große Teile des Lichtenhainer Gutshauses zwölf Jahre lang mit Holz geheizt haben. Erst seit zwei Jahren haben wir eine Holz-Zentralheizung im Haus und ich empfinde es immer noch als ein kleines Wunder und einen besonderen Segen, wenn ich nur am Thermostat zu drehen brauche und es kurz darauf warm wird. Die Kaminöfen, von unseren Feriengästen heiß geliebt, werden seitdem von mir treulos geschmäht – ich brauche wohl noch einige Zeit, bis ich es wieder als einen Akt der Gemütlichkeit empfinden kann, im Ofen ein Feuer zu entzünden.

Es war für uns viel Arbeit, auf dem Hof ganz normale Verhältnisse herzustellen. Auch draußen waren wir erst einmal mit Aufräumarbeiten beschäftigt. Jeder Fortschritt wurde hart erkämpft, aber die Freude, wenn wieder etwas schön geworden war, war dafür etwas Besonderes. Wenn mir vor unserem Umzug jemand gesagt hätte, dass ich mich selbst über die Beseitigung einer Pfütze freuen könnte, hätte ich ihn vermutlich ausgelacht.

Jedes Mal, wenn ich aus unserem Wohnzimmerfenster schaute, fiel mein Blick auf eine extrem große Pfütze. Sie war wirklich riesig und selbst in Trockenperioden verbesserte sich ihr Zustand nicht wirklich. Mit der Zeit entwickelte sich diese Pfütze immer mehr zu meiner ganz persönlichen Baustelle, da ich durch Michaels Beratungsfahrten tagsüber oft allein in Lichtenhain zurückblieb. Sein Auftrag war klar gewesen: „Macht das Ding glatt!" Doch als Michael müde von seinem Geschäftstermin nach Hause kam, prangte die Pfütze immer noch in voller Pracht. Ihm platzte fast die Hutschnur. „Nicht einmal das funktioniert ohne mich! Wie kann es denn sein, dass du so eine Kleinigkeit nicht in den Griff bekommst?", regte er sich auf. Aber was wusste ich schon über die beste Technik zur Beseitigung einer Pfütze? Es war das erste Mal in meinem Leben, dass ich vor einem solchen Problem stand. Spätestens als sich mehrere mitfühlende Nachbarn unten im Hof um die Pfütze herum versammelt hatten, war mir natürlich klar geworden, dass da wohl irgendetwas schief lief. Es hatte später sogar bissige Kommentare gehagelt wie „Das ist beim Vorgänger aber besser gewesen!" Ich war immer kleiner geworden, hatte aber nicht die leiseste Ahnung gehabt, wie die Situation zu retten gewesen wäre. Wie um alles in der Welt befestigte man eine Pfütze? „Also, zuerst einmal muss das Wasser aus der Vertiefung. Das macht man mit der Schippe!", klärte mich mein leidgeplagter Ehemann nun geduldig auf. Das hatte ich freilich nicht gemacht. Ich hatte den Schlepper Schutt auf die Pfütze kippen lassen und gemeint, das Wasser würde verdrängt und damit hätte sich's. Doch nun hatten wir einen Riesenpamps aus Wasser, Schutt und Lehm.

Am nächsten Tag musste Michael erneut einen Beratungstermin wahrnehmen und ich war mit meiner Pfütze wieder allein. Diesmal war ich aber fest entschlossen, sie in den Griff zu bekommen. So eine Blamage wie am Vortag wollte ich mir nicht noch einmal gefallen lassen! Keine Chance! Also stiefelte ich alle halbe Stunde auf den Hof hinunter und erteilte Anweisungen. Alles nach bestem Wissen und Gewissen. Schließlich bestellte ich mehrere Tonnen voll Ziegelrecycling und ließ den gesamten Inhalt auf die Pfütze kippen. Ein Wunder! Die Pfütze war verschwunden, einfach weg, alles war glatt, alles sauber. Es war geschafft. Ich war hochzufrieden und alle anderen natürlich erst recht. Immerhin konnten sie jetzt hoffen, dass ich endlich Ruhe geben würde.

Auch unser Vorgänger war ganz glücklich, konnte er doch nun endlich sein Stroh abfahren, das noch hinter unserer Scheune lagerte. Er brauste also wieder und wieder mit seinen riesigen Schleppern über den Hof. Alles ging gut – bis zu dem Tag, an dem es regnete. Die Schlepper hatten nämlich tiefe Furchen in den Weg eingegraben und als ich aus dem Fenster blickte, erstarrte ich förmlich: Die Pfütze war wieder da. In voller Pracht. Schöner als je zuvor. Ich delegierte das Thema an eine höhere Instanz!

KAPITEL 9

DIE TAPFERE LANDFRAU

„Daisy, jetzt reiß dich mal zusammen, sonst wird aus dir nie eine richtige Landfrau!", versuchte ich mir energisch meine Furcht auszureden, während ich durch die nächtliche Uckermark fuhr. Draußen war es stockdunkel, so dunkel, wie es nur auf dem Land wird, wo Straßenlaternen äußerst spärlich bis gar nicht gesät sind und zwischen den weit auseinander liegenden Dörfern einfach überhaupt kein Licht und auch sonst nichts ist. Während der letzten halben Stunde war mir mit jedem Kilometer mulmiger zumute geworden. Warum nur hatte ich mich auf dieses Abenteuer eingelassen? Warum fuhr ich in den Abendstunden über schmale, gewundene und vor allem einsame Landstraßen, anstatt gemütlich auf dem Sofa zu sitzen und dem Knistern des Ofenfeuers zu lauschen? In den letzten dreißig Minuten war mir nicht ein anderes Auto begegnet – kein einziges Mal hatten Scheinwerfer die scheinbar endlose Dunkelheit vor mir durchbrochen und mir signalisiert, dass ich hier draußen nicht völlig allein war. Längst hatte ich die Zentralverriegelung betätigt und mich im Wageninneren eingeschlossen. Dabei war mir die Absurdität meines Verhaltens durchaus bewusst. Wo weit und breit keine Menschenseele war, konnte mich auch niemand überfallen. Oder etwa doch? Dass mein Handy schon vor gut zwanzig Kilometern den Empfang verloren hatte, machte die Situation nicht besser. Wenn ich jetzt eine Reifenpanne hätte oder mir ein Wildschwein vor den Kühler liefe, könnte ich noch nicht einmal Michael anrufen, damit er mich rettete. Ohne meinen Retter aus jeglicher Notlage in telefonischer Reichweite fühlte ich mich ziemlich schutzlos und ängstlich. Dagegen half auch Asjas Anwesenheit nicht, denn die saß inzwischen so zitternd neben mir, als ob sich meine flatternden Nerven auf sie übertragen hätten.

Michael hatte mir den Weg genau beschrieben. Hinter dem Ortsausgang kämen zwei Felder und dann begänne der Wald. Dort solle ich den dritten Weg rechts nehmen. Ich hatte mir alles gut gemerkt, war mir jetzt aber plötzlich doch unsicher, ob ich wirklich in den dritten Weg eingebogen war. War es vielleicht erst der zweite oder gar schon der vierte gewesen? Asja war inzwischen auf meinen Schoß gekrochen und zitterte wie Espenlaub. Eine Mischung aus jagdlicher Aufregung und meiner Angst. Denn bei jedem Wild, das sie erblickte, verstärkte sich ihr Zittern. Der Weg war schmal. An Drehen war nicht zu denken; ich hätte in dem matschigen Untergrund stecken bleiben können. Und dann kam auch noch eine Weggabelung ohne Schilder und ich musste mich für einen Weg entscheiden. Endlich fing ich an zu beten. ‚Dieses Dussel‘, muss Gott gedacht haben, ‚das hätte sie auch eher machen können, dann hätte sie sich wenigstens nicht ganz so allein gefühlt.‘ Psalm 50,15 sagt doch schließlich: „Rufe mich an in der Not", und das erzähle ich ja auch immer allen großartig. Aber die Praxis ist dann doch noch mal eine andere Nummer.

Wie erleichtert war ich, als mein Scheinwerferlicht kurz darauf das erste Haus der abgelegenen Waldsiedlung streifte, die mein Ziel war. Ich sollte in der Försterei den vergessenen Jagdmantel von Michael abholen. Mitten im Nichts tauchte eine gespenstisch anmutende, von einer einsamen Straßenlaterne beleuchtete russische Liegenschaft auf – mitten im Wald. So dicht es ging, fuhr ich an das Forsthaus heran. Ihm direkt gegenüber standen eine Batterie von Hundezwingern und ein großer, leerstehender Wohnblock. Natürlich schlugen die Hunde sofort wie wild an. Es war windig, kalt und zappenduster. Ich atmete mehrmals tief ein, um meine Angst zu überwinden und mich zum Aussteigen zu bewegen. Kurz bevor meine Füße den matschigen Erdboden berührten, ging am Forsthaus plötzlich das Außenlicht an. Ein Schauer lief mir über den Rücken. Hatte der Förster einen Bewegungsmelder am Haus angebracht? Und wenn ja, wer oder was hatte ihn ausgelöst? Meine Wagentür war es bestimmt nicht gewesen. Ich war kurz davor, zurück ins Auto zu steigen und die Tür hinter mir zuzuschlagen, als mit einem Mal die Haustür aufging. „Gräfin Arnim?" ‚Puh, jetzt muss ich auch noch gräflich sein', dachte ich, als die tiefe Stimme des Försters durch die Dunkelheit an mein Ohr drang. Doch gleichzeitig war ich erleichtert. Noch nie zuvor war mir eine Stimme so beruhigend erschienen. Ich lief auf die jetzt erleuchtete Tür des Forsthauses zu. „Woher wussten Sie, dass ich es bin?", fragte ich atemlos, sobald ich die Schwelle überschritten und in den anheimelnden Hausflur getreten war. „Ihr Mann hat angerufen und mich wissen lassen, dass Sie unterwegs sind.

Er sagte, ich solle nach Ihnen Ausschau halten." Michael, wie immer vorausschauend!

Dass Michael ein leidenschaftlicherer Jäger war, als ich es am Anfang unserer Ehe realisierte, bescherte mir noch zahlreiche weitere Abenteuer. Bis heute unvergessen ist mir der Tag, an dem ich nichtsahnend in den Keller ging und fast gegen ein Wildschwein prallte. Ein aufrecht sitzendes, furchterregendes, überlebensgroß geratenes Wildschwein. In meinem Keller! Ein gellender Schrei entwich meiner Kehle, dicht gefolgt von einem „Michaeeeeeel!" Wie sich herausstellte, hatte er schlicht und einfach vergessen, mich über das erlegte Wild zu informieren und es zudem etwas ungünstig hingelegt, sodass es aussah, als hielte es seinen Kopf aufrecht. In der Großstadt wäre mir so etwas bestimmt nicht passiert! Aber dort wäre mir so manches nicht passiert. Wie zum Beispiel, dass ich nachts über die Felder marschierte und mich dabei hoffnungslos verlief ... mein Orientierungssinn ist wirklich nicht der beste.

Es war während der Erntezeit. Wie schon im Vorjahr hatte unsere Ernte mich, die ich damals kaum zwei Jahre Landfrau war, wieder massiv zum Beten gebracht. Unglaubliche Regengüsse hatten unsere reife Gerste und unseren Roggen geplättet, und nur Dank des trockenen Wetters danach konnten wir ernten. Man kann sich als normaler Beamter oder Angestellter, der sonntags seine Brötchen isst, gar nicht vorstellen, mit wie viel Zittern und Bangen diese entstanden sind. Wie jedes Jahr war es mir ein großes Anliegen, unsere Helfer kulinarisch gut zu versorgen, und so beschloss ich eines Nachts, unseren tapfer rund um die Uhr arbeitenden Männern einen mitternächtlichen Imbiss aufs Feld zu bringen. Kurzerhand packte ich zwei Picknickkörbe und fuhr mit dem Auto zu dem angegebenen Feld. Als ich aus dem Wagen stieg, war noch alles in Ordnung. Es war ein typischer Abend in Lichtenhain. Die Mähdrescher waren nicht zu hören, was mir verriet, dass die Männer anscheinend auf einem der entfernter liegenden Felder arbeiteten. Doch das konnte mich nicht von meiner Mission abhalten. Ich marschierte los. Und marschierte. Und marschierte. Erst als die Batterie meiner Taschenlampe zu schwächeln begann, wurde mir das Ganze ein wenig unheimlich. War ich nicht schon viel zu lange unterwegs? In der Ferne über der Kuppe erblickte ich das Licht eines Treckers. Endlich! Zielstrebig steuerte ich auf ihn zu – nur um schlussendlich entsetzt festzustellen, dass es sich um den Schlepper eines Nachbarn handelte. Ich war vollkommen vom Weg abgekommen, hatte mich verlaufen und das alles mit zwei schweren Körben, die ich über den frisch gepflügten Acker schleppte! Wie peinlich! Immerhin wusste ich nun ungefähr, wo ich war. Als ich eine gute halbe Stunde später bei unserem Trecker ankam, war ich vollkommen erledigt. Aber die Suppe war Dank der Thermoskanne immer noch warm.

Tagsüber nahm ich immer gerne die Kinder aus dem Dorf mit aufs Feld, wenn die Männer versorgt werden mussten. Nein, nicht damit ich mich nicht verlief, sondern weil sie es so sehr genossen, auf dem Mähdrescher mitzufahren. Asja war natürlich auch immer dabei. Sie schwelgte in Lichtenhain und ganz besonders auf dem Feld im absoluten Mäuseglück. Manchmal buddelte sie sich gar die Pfoten wund, so eifrig war sie bei der Sache. Die Kinder schauten ihr begeistert zu und zeigten ihr immer neue Löcher. Für die Kinder, die auf dem Land groß wurden, waren Mäuse vollkommen normal, doch für mich waren sie das Haar in der ansonsten überaus bekömmlichen Lichtenhain-Suppe. Die Mäuse waren die eine Sache, vor der ich trotz meines festen Entschlusses, eine tapfere Landfrau zu werden, kapitulierte. Mit vielem konnte ich mich arrangieren, vieles konnte ich mir antrainieren, aber meine Angst vor diesen Viechern konnte ich nicht ablegen. Dass das Unternehmen hoffnungslos war, zeigte sich spätestens, als wir einige Jahre nach unserem Umzug nach Lichtenhain das Gebäude abrissen, in dem sich anfangs noch der *Konsum*, der örtliche Mini-Supermarkt, befunden hatte. Denn das heruntergekommene Gebäude, in dem sich unglaublich viel Müll angehäuft hatte und dessen Zwischendecken mit Glasfaserwolle ausgestopft waren, entpuppte sich als das reinste Mäuseparadies. Der Gipfel war jedoch ein alter Ofen, der völlig harmlos in der Ecke stand. Ahnungslos hob ich die Abdeckung an und erblickte in seinem Inneren wie auf einer Wäscheleine aufgereiht unzählige Mäuse. Sie standen in Habachtstellung und starrten mich mit ihren schwarzen Knopfaugen genauso verwirrt an wie ich sie! Nach dem ersten Schreck stoben sie wie wild auseinander – und ich flüchtete zur Freude aller Mitarbeiter laut nach meiner stets besonnenen Nachbarin schreiend aus dem *Konsum*. „Wat hat se denn nu schon wieder, wo rennt se denn jetzt schon wieder hin?", wunderten sich die vor der Tür versammelten Lichtenhainer, als ich an ihnen vorbeipreschte.

KAPITEL 10

VOM SAUFZICKENBOCK

An die Gemütlichkeit des Dorflebens musste ich mich erst gewöhnen. „Immer schön langsam" war gar nicht mein Ding. Doch jedes Mal, wenn ich um die Ecke zum Auto eilen wollte, um noch schnell Milch oder fehlendes Baumaterial zu holen, blieb ich garantiert an der Haustür hängen. Auf der Treppe vor dem Haus saßen nämlich oft meine Nachbarinnen, die die letzten Strahlen der Nachmittagssonne genossen und ein Schwätzchen hielten. Ein Schwätzchen, in das sie mich in Sekundenschnelle mit einbezogen. Es kostete mich manchmal viel Geduld und Freundlichkeit, mich in ein Gespräch verwickeln zu lassen, obwohl ich eigentlich so dringend etwas zu erledigen hatte. Wenn ich jedoch einmal Zeit hatte, war es herrlich, sich zu den Frauen auf die Treppe zu setzen. Denn dabei erfuhr ich nicht nur den aktuellen Dorfklatsch, sondern hin und wieder auch etwas über das Leben der Frauen. „Wenn ik noch mal 20 wär ...", fing die eine zum Beispiel an, „... dann würdest du wat mit die Männer anfangen", vervollständigte eine andere ihren Satz. „Nee, nee", kam es zurück, mit den Männern habe sie es nicht so. Einer habe ihr gereicht. Aber wenn er betrunken die Kinder habe schlagen wollen, sei sie immer dazwischen gegangen, besonders das eine Mal, als er mit dem Gürtel auf ihren Jungen eingedroschen habe. Ich war jedes Mal aufs Neue schockiert, wenn ich eine dieser Geschichten hörte. Was hatten diese Frauen nicht alles mitgemacht!

Wäre der Suff nicht, wäre bestimmt vieles einfacher. Als wir nach Lichtenhain kamen und es neben dem Gutshaus noch den *Konsum* gab, war dieser in erster Linie für die Alkoholversorgung des Dorfes zuständig. Zweimal täglich kam ein blaues Auto mit der Aufschrift „Bier und Brause für Zuhause" angefahren, das dafür sorgte, dass der Schnaps nie ausging. Es war für uns unfassbar. Gott sei Dank gibt es den *Konsum* in dieser Art nicht mehr, auch wenn ein Einkaufstreffpunkt auf dem Dorf fehlt und durch Bäckerwagen u.ä. abgelöst wurde. Doch das Problem Alkohol hat sich dadurch nicht erledigt, denn irgendwo gibt es immer eine Quelle.

Solange es den *Konsum* gab, war das sogenannte Säufereckchen eigentlich immer gut besucht. Schon morgens trafen sich die Männer an der Ecke des Gutshauses und standen oder saßen dann den ganzen Tag über einfach so da. Mit einer Flasche in der Hand, versteht sich. Die meisten von ihnen Männer, die einfach Gemeinschaft suchten. In der Uckermark kommen auf 100 Männer 75 Frauen und so war es vor allem die Einsamkeit, die sie Tag für Tag zum Gutshaus trieb; die Einsamkeit und natürlich das furchtbare Fehlen einer Aufgabe. Für diejenigen von ihnen, die versuchten, sich den „Suff wegmachen zu lassen", wie es die Kinder hier formulieren, war der Entzug vor allem deshalb so schwer, weil ihnen mit dem Alkohol auch ihr soziales Netzwerk entzogen wurde. Besonders beeindruckt bin ich von denen, die trotzdem durchgehalten und es durch eine Entziehungskur geschafft haben.

Schon in Wilhelmshaven hatte ich das erste Mal intensiven Kontakt mit dem Thema Alkohol. Direkt neben der Kirche stand ein Kiosk, der ein Treffpunkt zum Trinken war. Wann auch immer ich zum Orgelüben ging, musste ich an dieser Truppe vorbei. Alkohol macht die Menschen so kaputt. Für viele ist es die Perspektivlosigkeit, die dazu beiträgt, sich in Alkohol zu stürzen.

Mittlerweile treffen sich die Männer zwar nicht mehr an unserer Hausecke, aber das Thema ist dadurch in Lichtenhain ebensowenig vom Tisch wie in vielen anderen Dörfern der Uckermark. Für Michael und mich ist es schwierig, gerade diesen Menschen Arbeit zu geben. Als jedoch zum ersten Mal die Zeit kam, in der die Steine auf dem Feld eingesammelt werden mussten, stiegen manche der Männer zu Höchstleistungen auf und verblüfften uns maßlos. Sie fragten schon Wochen vorher an, wann es denn endlich losgehe, und erschienen jeden Tag absolut pünktlich zur Arbeit. Wie sehr schmerzte es mich, dass wir nicht mehr solche Arbeiten wie das Steinesammeln zu vergeben hatten. Die landwirtschaftlichen Geräte waren derart kompliziert zu bedienen, dass man dafür hochqualifizierte Fachkräfte brauchte. Das war zu DDR-Zeiten irgendwie besser geregelt. Damals war es gelungen, selbst das schwächste Glied in die Produktionskette mit einzubinden. Manchmal frage ich mich, ob man nicht wenigstens einen Teil dieser positiven Aspekte des Sozialismus auf unsere Zeit übertragen könnte. Vor allem, als einer der Männer vollkommen verzweifelt und betrunken auf mich zugetorkelt kam und mich anflehte: „Ik mach allet, wenn Sie nur Arbeit haben!" Es tat mir in der Seele weh, diese Menschen, die teilweise noch ganz jung waren, so betrunken zu sehen, so krank, so fertig, so am Ende, und das bei uns um die Ecke. Was sollte ich bloß mit all meinen neuen Freunden machen? Was habe ich für diese Männer und ihre Situation schon gebetet! „Gott, schenk mir mehr Ideen, schick mir Menschen, die helfen, hier was in Gang zu bringen." Gespräche mit Freunden drehten und drehten sich immer wieder schnell um das Thema: Was kann man bloß tun?

Ein Mensch, der mich längere Zeit intensiv beschäftigt hat, ist Maxe. Zumindest möchte ich ihn hier einmal Maxe nennen. Wie alt er ist, weiß niemand so genau. Er muss um 1940 geboren sein und ist ein Waisenkind gewesen. Ein herzensguter Kerl, der in der Stadt vermutlich ein Obdachloser geworden wäre. Zu DDR-Zeiten gehörte er irgendwie zu allen und durch die Arbeit in der LPG hatte er seine gewisse Regelmäßigkeit. Ich lernte Maxe kennen, als er in einer ABM-Truppe in Lichtenhain arbeitete. Wann immer ich ihn sah, erhellte ein Lächeln sein Gesicht. Doch als die Arbeitsbeschaffungsmaßnahme vorbei war, fiel er in ein tiefes Loch. Herzerweichend schluchzend und halb besoffen stand er vor Michael: „Herr Graf, hast du nich Arbeit für mich? Arbeiten muss ik! Ik kann gut arbeiten. Lass di wat infallen!" Das Schlimmste an der Arbeitslosigkeit war für ihn die damit verbundene Langeweile, das generelle Nichts-mit-sich-anzufangen Wissen und das Alleinsein. „Eener muss mir helfen, anders jet et nich mehr. Oh Gott, was sollen wir bloß machen? Herr Graf, du musst was machen!" Puh, diese Erwartungen! Michael

sollte alles machen: Arbeit besorgen, die Jugendlichen organisieren, und und und – alles konnte nur der Herr Graf machen. Die
Menschen hatten so viel Hoffnung in uns, die wir gar nicht zu
erfüllen in der Lage waren. Damit war natürlich auch Enttäuschung über uns verbunden! Aber es waren ja die Verantwortlichen in diesem Land, die entschieden hatten, dass Familien wie
wir keine wirtschaftliche und soziale Verantwortung an den Orten ihrer Herkunft mehr übernehmen sollten. Mittlerweile sieht
das anders aus. Investoren werden Unsummen an Fördermitteln
in Aussicht gestellt, damit sie nach Brandenburg kommen.

Das Zusammenleben mit Maxe in Lichtenhain war recht intensiv, da ich irgendwann seine Sozialhilfe in Rationen einteilte, damit sein Alkoholkonsum nicht ausufern konnte. Das bedeutete
tägliche Besuche von ihm, auch in angetrunkenem, aber stets
freundlichem Zustand, die mit vielen Diskussionen, Gesprächen
und nochmaligen Besuchen verbunden waren. Maxe trug einen
langen verzottelten Bart und niemals gewaschene Kleidung. Er
sah so heruntergekommen aus, dass die Kinder Angst vor ihm
hatten und einen weiten Bogen um ihn machten. Nach langem
Hin und Her gelang es uns, Maxe eine Wohnung in der Schnitterkaserne schräg gegenüber vom Gutshaus zu organisieren. Er-
staunlicherweise hielt er die stets sehr ordentlich, sein Bett war
immer gemacht. Es rührte mich tief. Jedes Mal, wenn ich nun
zu später Abend- oder Nachtzeit aus dem Fenster schaute, wan-
derte mein Blick fast automatisch zur Schnitterkaserne hinüber.
Maxes Fenster war immer hell erleuchtet. Selbst wenn Lichtenhain ansonsten komplett im Dunkeln lag – bei Maxe war noch
Licht, darauf konnte ich mich verlassen. Nach vielen Gesprächen und Bitten ließ Maxe sich auf eine freundliche Betreuerin
ein. Sie kam alle zwei Wochen vorbei und ab da war sogar der

Bart geschnitten! Selbst saubere Kleidung ging mit einem Mal! Unzählige Male habe ich Maxe anfangs das „Du" angeboten, doch das lehnte er immer kategorisch ab. Also sieze ich ihn und sage Maxe, und er nennt mich standhaft Frau Gräfin.

Einmal feierte er mit uns Weihnachten. Ich hatte den Gedanken einfach nicht ertragen können, dass er am Heiligen Abend ganz allein in seiner Wohnung saß. Beim Anblick des leuchtenden Weihnachtsbaums musste er bitterlich weinen. Doch eine Flasche Bier zur Feier des Tages trocknete seine Tränen schnell.

Manchmal treffen wir Maxe auch außerhalb von Lichtenhain, denn er liebt es, mit seinem Fahrrad ausgiebige Spritztouren zu unternehmen. Einmal lehnte er volltrunken an unserem Auto, als wir nach einer Abendveranstaltung in Boitzenburg nach Hause fahren wollten. Wir überwanden uns, ihn trotzdem mitzunehmen, doch das war eine größere Aktion! Als Michael zu Maxe sagte, sein Drahtesel müsse jetzt ins Auto, erwiderte der: „Jut, Herr Graf, mach dat mal, aber dat ist keen Drahtesel, sondern eeen Saufzickenbock!" Nach dem Fahrrad wurde Maxe ins Auto befördert.

Fast immer hat Maxe gute Laune, es geht ihm immer „jut", mit einem Schalk im Auge. Maxe hebt meine Stimmung oft durch Sprüche, die er mit strahlendem Gesicht von sich gibt, wie zum Beispiel an einem Sonnentag: „Jetzt krieg'n wir 'nen goldenen Herbst." Nach einer der für ihn so wichtigen Feuerwehrübungen musste ich ihm zuschauen, wie schnell er, schon ein wenig bierselig, noch rennen konnte. „Ik kann rennen wie'n junger Hirsch, Frau Gräfin!"

Einmal fror Maxe sich im Winter die Zehen ab, weil er betrunken an der Lichtenhainer Bushaltestelle eingeschlafen war und nicht mehr nach Hause fand. Wir hatten ihn schon so oft davor gewarnt! Im Krankenhaus begrüßte er mich freudestrahlend, die Schwestern hätte er ganz gut auf Trab gebracht. Was für ein Leben!

Als gegenüber von Maxe ein Mann einzog, der ihn erbarmungslos drangsalierte und terrorisierte, war es mit dem kurzen Glück in der Schnitterkaserne leider wieder vorbei. Irgendwann wollte er nur noch weg. Erst einmal fand er einige Monate bei uns Unterschlupf, doch dann gelang es uns mit vereinten Kräften, ihm eine Wohnung in Boitzenburg zu organisieren, wo er jetzt lebt. Von Zeit zu Zeit besucht er mich in Lichtenhain. Er fühlt sich in seinem neuen Zuhause sehr wohl und hat sich sogar endlich darauf eingelassen, im Waldhof, einer Behinderteneinrichtung, zu arbeiten. Jeden Morgen fährt er pünktlich um 7 Uhr mit dem Bus nach Templin. „Det is jut dort!", sagt er mir immer wieder und ist stolz, dass er Arbeit hat. Gewitzt antwortete er anfangs auf die Frage, wo er denn arbeite: „In Templin!" Den Waldhof nannte er nicht! Der war nämlich leider vollkommen verpönt gewesen und die anderen Männer hatten ihn immer damit geärgert, dass er eigentlich dorthin gehöre. Jetzt ist es für Maxe ganz normal, dort angestellt zu sein. Irgendwie fehlt er mir in Lichtenhain, auch wenn ich natürlich froh bin, dass wir es mit vereinter Kraft geschafft hatten, ihm ein Dach über dem Kopf zu beschaffen und diese Arbeitsmöglichkeit zu vermitteln. Aber irgendwie war es auch schön, dass nachts das einzige Licht in der Schnitterkaserne oben links bei Maxe brannte. Irgendwie schön.

KAPITEL 11

FESTE, SPORT &
TUPPERPARTYS

I n all den Jahren, die wir jetzt schon hier in Lichtenhain
leben, wurden wir immer wieder gefragt, warum wir uns
„das alles hier antun", wo wir doch woanders ein sehr viel
weniger nervenaufreibendes Leben führen könnten. Doch uns
selbst kam dieser Gedanke nie ernsthaft in den Sinn und er ist
uns bis heute fremd. Es ist eine große Chance, etwas selbst zu
gestalten und sein eigener Chef zu sein. Inzwischen sind wir
hier angekommen, Lichtenhain ist unser Zuhause geworden
und wir sind jeden Tag dankbar für diesen Mikrokosmos, in
dem unendlich viel passiert. Hier erlebt man so viel Amüsantes,
Bewegendes, Aufregendes – das kann sich ein Städter gar nicht
vorstellen. Und ja, auch in Lichtenhain gibt es Feste, Partys und
Sportveranstaltungen. Wobei ich an den Sportveranstaltungen
mittlerweile nur noch als Zuschauer teilnehme. Anfangs hat-

te ich, um mir die Sache mit der Einbürgerung zu erleichtern, todesmutig an einer Trainingsstunde der Frauenfußballmannschaft teilgenommen. Schließlich wollte ich keine Spielverderberin sein und neue Freundschaften knüpfen! Aber als ich dann bei meinem ersten Spiel eines der gegnerischen Energiebündel auf mich zurasen sah, dem es irgendwie gelang, das Doppelte meines Körpergewichts dreimal schneller zu bewegen als ich, wurde mir mit einem Mal ganz anders. Ich geriet so in Panik, dass ich mich zur Freude meiner Fußballkolleginnen lieber ganz schnell verkrümelte. Seither muss der Lichtenhainer Frauenfußball ohne mich auskommen – was für ihn aber ehrlich gesagt kein großer Verlust ist.

Die Sportveranstaltungen ziehen also mittlerweile weitgehend unbemerkt an mir vorbei, aber mir bleiben ja immer noch die Feste. Gefeiert wird hier gerne und viel. Das Dorffest sorgt zum Beispiel jedes Jahr für einen riesigen Menschenauflauf. Der Bier- und Würstchenkonsum ist gigantisch, die Frauenfußballtruppe wie immer ein Erlebnis und die Wirte der Region reißen sich darum, bei uns ausschenken zu dürfen, da ein guter Umsatz vorprogrammiert ist. Was will man mehr?

Ich denke immer noch gerne an das erste Pfingstfest zurück, das ich in Lichtenhain erlebt habe. Nach dem Gottesdienst fand auf dem Sportplatz hinter unserem Haus ein Fußballturnier statt, die freiwillige Feuerwehrtruppe hielt zu Showzwecken eine Übung ab, die ich mit ganz besonderem Vergnügen beäugte, weil Michael ihr mittlerweile auch angehörte, und es gab sogar eine Modenschau, an der viele Lichtenhainerinnen teilnahmen. Es war ein rundherum gelungener und friedfertiger Tag. Abends wurde unter dem Sternenhimmel getanzt. Es war herrlich lau.

Alle hatten sich hübsch herausgeputzt und begannen sofort, das Tanzbein zu schwingen. Ein wunderbarer Anblick, denn Tanzen ist für die Menschen hier so etwas wie die vierte Gangart. Eigentlich jeder kann ganz ausgezeichnet Standard tanzen und deshalb wird das auch bei jeder sich bietenden Gelegenheit praktiziert und zelebriert. Besonders herrlich ist, dass jeder, aber auch wirklich jeder, mit jedem tanzt. Der Tanz verbindet vieles.

Schön waren auch unsere Erntedankfeste, die wir zurzeit nicht im großen Rahmen feiern. Da ich diesen Festtag aber nicht völlig sang- und klanglos vorübergehen lassen und irgendwie mit Inhalt füllen wollte, überlegte ich mir in einem Jahr ein kleines Quiz, so nach dem Motto: „Wie viele Kartoffeln haben Sie in diesem Jahr in Ihrem Garten geerntet?", „Wie viele Stiefmütterchen haben Sie schon gepflanzt?", „Wie viel Saft haben Sie gemostet?", und so weiter und so fort. Ich stellte es mir so nett vor, aber letztlich ging die ganze Aktion vollkommen in die Hose. „Ik lass mir doch nich ausfragen, dat is ja ganz wie früher" und ähnliche Bemerkungen hagelten auf mich nieder. Was war passiert? Ich hatte schlicht und einfach nicht gewusst, dass diese Kontrollen und Fragen zu DDR-Zeiten total üblich gewesen und mit ihrer Hilfe die staatlichen Abgaben bestimmt worden waren. Mit meiner Fragerei war ich also voll ins Fettnäpfchen getreten, hatte Erinnerungen an frühere Repressalien geweckt und alte Ängste geschürt. Mir machte diese ganze Sache wieder einmal bewusst, dass ich immer noch unglaublich viel über die Verhältnisse vor Ort zu lernen hatte und dass ich lieber zweimal hätte nachdenken sollen, bevor ich meinen Mund zu weit aufriss oder irgendwelche unausgegorenen Ideen verwirklichte. Im Jahr darauf realisierten wir lieber die Idee einer Mitarbeiterin, füllten verschiedene Getreidesorten in Säcke und veranstalteten ein Ratespiel.

Eine gute Gelegenheit, mehr über vergangene Zeiten, das Dorf und die Menschen hier zu erfahren, waren die Geburtstagsrunden der Kirchenmitglieder und die anderen Veranstaltungen, bei denen ich mit Frauen aus dem Dorf zusammentraf. Allen voran mein absolutes Lieblingsevent: die Tupperparty. Tatsächlich erlebte ich hier in Lichtenhain die erste Tupperparty meines Lebens. Das gesamte Phänomen Tupper war zwar nicht geräusch-, aber doch spurlos an mir vorübergezogen, bis ich eines Tages die Einladung zu meiner ersten Party erhielt. Das Wirtschaftswunder wurde von den Frauen hier begeistert nachgeholt und natürlich fiel ich sofort auf das Zeug herein. Tupper verbindet und wenn man einmal nicht weiß, worüber man mit einer Frau sprechen soll, bietet sich einem hier ein dankbares Thema. Es entwickelt sich sogar mit der Zeit eine Art Geheimsprache. So wusste ich anfangs nie, was die Frauen meinten, wenn sie von ihrer PENG-Schüssel erzählten – bis ich sie schließlich selbst hatte, die ultimative Schüssel für den Hefeteig, die eben ein ‚Peng', beziehungsweise meiner bescheidenen Meinung nach eher ein ‚Plubb' von sich gibt, sobald der Teig fertig ist. Inzwischen wohnen wir schon fast fünfzehn Jahre hier, aber von Tupper und den obligatorisch dazugehörenden Partys bin ich noch lange nicht geheilt! Meine Begeisterungsfähigkeit für das Plastikzeug ist ein offenes Geheimnis, sodass vor einiger Zeit doch tatsächlich eine liebe Bekannte auf mich zukam und meinte: „Weeste wat, Daisy, wenn ik mal nich mehr bin, kriegste mein Tupperzeugs!"

KAPITEL 12

WAS SOLL ICH MIT MEINEM LEBEN ANFANGEN?

Als wir nach Lichtenhain zogen, war geplant, dass ich die Buchführung für unseren Betrieb übernehmen sollte. Allerdings stellte sich bald heraus, dass Zahlen nicht so wirklich mein Ding waren. Ich konnte zwar mit ihnen umgehen, doch Freude bereitete mir das genauso wenig wie die Bestellung von Maschinenteilen für den Trecker, die ebenfalls in meinen Zuständigkeitsbereich fiel. Nach und nach kristallisierte sich immer mehr heraus, dass das die vollkommen falsche Aufgabe für mich war. Ich sehnte mich nach meiner Zeit in der Buchhandlung zurück, dem Kontakt zu den Menschen, dem Verkaufen. Da auch Michael nicht entging, wie unglücklich ich mit meiner Tätigkeit war, stellten wir nach einigen Jahren zu meiner großen Erleichterung Angelika Lehmann aus Wichmannsdorf ein. Sie nahm ohne große Umschweife das Zepter in die Hand und bewältigte unsere Buchführung schon nach kurzer Zeit im Alleingang. Damit wurde ich in diesem Bereich überflüssig – was ja auch Sinn und Zweck der ganzen Übung gewesen war, aber zugleich stellte mich das vor ein riesiges Problem. Was sollte ich jetzt bloß mit meinem Leben anfangen? Nur die Geranien zu gießen und darauf zu warten, dass Michael eine Pause einlegte, um ihm dann ein paar Käsebrote anzubieten, konnte schließlich nicht alles sein. Ich musste doch auch Geld verdienen und etwas Sinnvolles tun. Wenn uns Kinder vergönnt gewesen wären, wäre das noch einmal etwas anderes gewesen, aber so?

Mein ehrenamtliches Engagement in der Kirchengemeinde – das Orgeln, die Leitung des Kinderchores, die Mitarbeit in der Christenlehre-Gruppe und das Sammeln von Spenden für die Restaurierung der wunderschönen Klaushagener Kirche – hielt mich zwar auf Trab, aber trotzdem sehnte ich mich nach mehr. Ich war schließlich erst Ende 30. Gott hatte doch bestimmt auch für mich noch eine Aufgabe. „Was soll ich nur tun, Herr?“ Immer wieder betete ich das Herzensgebet: „Herr Jesus Christus, Sohn des lebendigen Gottes, erbarme dich meiner“ und „Was hast du mit mir vor, was soll ich bloß machen?“

An kreativen Ideen mangelte es mir nicht. Mein allererstes Geschäftsvorhaben war, die Steine von Michaels Äckern zu verkaufen. Stundenlang recherchierte ich, wie das vonstattengehen könnte, und fand die Idee wirklich genial. Unzählige Schrebergartenbesitzer und Gartenbaubetriebe schienen an solchen Steinen interessiert zu sein, und wir mussten sie sowieso vom Acker lesen, damit gepflugt werden konnte. Aber als es dann darum ging, dieses Vorhaben zu verwirklichen, wurde mir bewusst, dass mein Plan einige Schwachstellen aufwies. Wie bitteschön sollte ich die Steine an ihren Bestimmungsort bringen? Ich konnte sie ja wohl kaum mit der Post schicken. Die einzige Möglichkeit wäre, sie mit dem Lastwagen quer durch Deutschland zu kutschieren, aber das zu organisieren erschien mir nahezu unverhältnismäßig aufwendig. Als ich dann noch erfuhr, dass Steine Naturdenkmäler sind, die man nicht verkaufen darf, erledigte sich das Problem von selbst. Jeder Stein, der länger als drei Monate an einem Ort gelegen habe, dürfe nicht weiterbewegt werden, wurde ich informiert. Zumindest nicht weiter als an den Ackerrand. ‚Nun gut‘, dachte ich, ‚dann lasse ich mir eben etwas anderes einfallen.‘ Kurze Zeit später kam mir die nächste Idee: Misteln! Links und rechts der Straßen hingen sie haufenweise in den Bäumen und warteten geradezu darauf, eingesammelt und verkauft zu werden. Ich wusste, dass die Franzosen ganze Lastwagenladungen an Misteln nach England schipperten, warum also sollte das nicht auch bei uns funktionieren? Tatsächlich verkaufte ich die Misteln super, aber in größerem Stil ist das bei uns naturschutzrechtlich nicht erlaubt. Weil ich gerne irgendetwas machen wollte, das mit Essen zu tun hatte, kam ich als nächstes auf den Gedanken, Gänse zu züchten. Genügend Platz dafür hatten wir allemal und durch den Betrieb meines Mannes stünde mir mehr als genug Nahrung für die Tiere zur Verfügung. Doch als ich den Frauen beim Schlachten zusah, verging mir alles und das Thema war schnell erledigt. Mit Tieren durfte meine Unternehmung also auch nichts zu tun haben. Ich musste mir irgendetwas einfallen lassen, was es so in dieser Form noch nicht gab, was nicht lebte und was sich möglichst direkt vor unserer Haustür verwirklichen ließ. Das war gar nicht so einfach.

Doch dann, eines Abends ... „Ich hab's“, rief ich freudestrahlend und wandte mich Michael zu. „Du wirst begeistert sein.

Was hältst du davon, wenn wir auf dem Vorplatz ein Labyrinth errichten? Das ist doch eine gute Idee. Und man kann gleich zweimal abkassieren. Vorne steht ein Kassenhäuschen – ich nehme Eintritt – und am Ende des Labyrinths richten wir ein Café ein, wo die Gäste sich bei Kaffee und Kuchen von den hinter ihnen liegenden Irrungen und Wirrungen erholen können! Ist diese Idee nicht fantastisch?" Michael lächelte leicht gequält. „Also weißt du, ganz ehrlich ..." Aus dem Labyrinth wurde also auch nichts, weil wir gelernt hatten, dass wir beide Frieden über große Entscheidungen haben mussten. Doch ich gab nicht auf. Irgendetwas musste sich doch finden lassen, was ich hier, mitten im Nichts und mit Nichts, auf die Beine stellen konnte. Dass ich aufgrund der strukturellen Gegebenheiten in der Region nicht in meinen alten Beruf würde zurückkehren können, war mir vor unserem Umzug klar gewesen, aber dass es mir so schwer fallen würde, eine passende Beschäftigung zu finden, hatte ich nicht erwartet. Doch glücklicherweise ließ mich mein Einfallsreichtum trotz aller Rückschläge nicht im Stich. Eines Morgens wachte ich auf und wusste, was ich machen wollte: Buchsbaumkränze binden. Ich liebte Buchsbäume. Sie waren immer so herrlich grün und wunderschön anzusehen. ‚Die brauchst du eigentlich nur abzuschneiden und zu Kränzen zu binden', dachte ich mir. ‚Ist doch fantastisch!' Also begannen wir mit der Anpflanzung. Ganze Buchsbaumwege entstanden hinter dem Haus, sodass sich der bisherige Barackenhinterhof langsam aber sicher in ein parkähnliches Etwas verwandelte. Das war möglich, weil wir das Haus 1997 doch noch hatten zurückerwerben dürfen – gerade als wir eigentlich beschlossen hatten aufzugeben und uns in Lichtenhain ein Baugrundstück zu kaufen. Seitdem war es im Haus zunehmend leerer geworden. Wir hatten allen Mietern angeboten, so lange sie wollten, hier wohnen zu bleiben, aber nach und nach verließen sie uns trotzdem, weil sie woanders ein neues, bereits modernisiertes Zuhause fanden. Die Holzbaracken wurden also nicht mehr gebraucht. Ich hoffte inständig, dass die Buchse den Winter gut überstehen würden und tatsächlich: Die Buchsbäume wuchsen an. Sie gediehen sogar geradezu vorbildlich, sodass ich diesen Traum verwirklichen konnte. Ich entwarf meinen ersten kleinen Produktkatalog und verkaufte die gebundenen Kränze an Hofläden, wo sie ganz gut liefen. Das Wunderbare an der Kranzherstellung war, dass sie nicht nur genug Arbeit für mich, sondern auch für weitere Frauen bot. Ergänzend zu den Kränzen beschloss ich Holzengel herzustellen, die ich einzeln verkaufen oder aber auch in den Kranz dekorieren konnte. Schon im Juni begann ich, die Engel auszusägen und zu bemalen, da ich bis zum Weihnachtsgeschäft eine ausreichend große Menge vorrätig haben wollte. Mit der Zeit musste ich jedoch einsehen, dass das alles einfach nicht das Richtige war. Erstens ist der Bedarf an Buchsbaumkränzen dann doch irgendwo endlich, und zweitens wachsen Buchsbäume naturgemäß leider äußerst langsam. Ich hätte ganze Buchsbaumplantagen gebraucht, um aus diesem Unterfangen ein rentables Geschäft zu machen.

„Gott, was soll ich nur machen?", fragte ich in all dieser Zeit immer wieder. Monate-, wenn nicht jahrelang suchte ich nun schon nach einer Aufgabe, die mich erfüllte. Durch Michaels Kenntnisse im Beratungscoaching hatte ich bei einer Kollegin von ihm einen Fähigkeitentest gemacht. Als herauskam, was ich natürlich ahnte, ich sei in erster Linie kreativ veranlagt, dachte ich: ‚Jetzt ist alles aus.' Ich hielt diese Gabe für nutzlos. War ich etwa nur für die brotlose Kunst geschaffen? Aber ich wurde eines Besseren belehrt. Diese Gabe habe nicht jeder und sie sei sehr wertvoll. Was ich konkret mit meiner Kreativität anfangen sollte, konnte mir die Beraterin aber natürlich auch nicht sagen. Um das herauszufinden, schloss ich mich sogar in der Klaushagener Kirche ein, weil ich die Hoffnung hegte, dass ich dort weniger abgelenkt wäre und eher verstünde, was Gott mit mir vorhatte. Stunde um Stunde betete ich und wartete darauf, dass Gott mir zeigte, was ich mit meinem Leben anfangen sollte. Aber Gott schwieg.

Mein Vater hatte mir immer wieder gesagt: „Ein Christ ist ein Mensch, der warten kann." Diesen Satz konnte ich in meiner Situation nun nicht gerade gut gebrauchen, aber er stimmt. Die Bibel sagt: Der Gerechte – also der sich von Gott geliebt Wissende – fällt, aber er steht sieben Mal wieder auf. So etwas half mir. Beim Lesen der Psalmen entstanden holprige Melodien, die aber eben meine Melodien waren. Michael meinte dann immer nur: „Na, singst du mal wieder eine Arie?" Das eigene Singen der Bibelverse half und hilft mir bis heute, meinen Sinn vom ewigen „Oh Herr, segne doch uns vier: ich, mich, meiner, mir" auf Gott zu richten und dankbar zu sein. Zu wissen, dass er da ist. Auch in Zeiten, in denen er schweigt.

Es war mir wichtig, irgendetwas auf die Beine zu stellen, was nicht nur mir, sondern auch den Menschen um mich herum eine Beschäftigung bot, das war mir inzwischen klar, denn Arbeitslosigkeit ist hier nun einmal eine große Not. Außerdem musste es etwas sein, wofür ich mich wirklich begeistern konnte. Bei meinen Überlegungen wurde mir bewusst, dass ich gerne mit Menschen umgehe und gerne verkaufe. Das war es auch, was mir an meiner Tätigkeit als Buchhändlerin die meiste Freude bereitet hatte. Aber wie könnte ich diese Talente an diesem Ort am besten einsetzen? Noch immer ließ die richtige Geschäftsidee auf sich warten. ‚Ich muss irgendetwas machen, was wirklich hier hinpasst', dachte ich irgendwann. Aber was?

Es war im Herbst 2000, fünf Jahre, nachdem wir in die Uckermark gezogen waren. Ich fuhr langsam mit dem Auto den alten Apfelweg hinter unserem Haus entlang, der zum Suckowsee hinunterführt. Durch das geöffnete Fenster drang ein permanentes Knacken und Krachen an mein Ohr, denn der Weg war über und über mit Äpfeln besät. Vor mir erstreckte sich in wunderbaren Farbnuancen von tiefrot bis saftig grün ein dichter Apfelteppich. ‚Die schönen Äpfel', dachte ich, als die Autoreifen einen Apfel nach dem andern zermalmten. Das Geräusch der krachenden Früchte war derart appetitlich, dass ich schließlich anhielt, die Fahrertür öffnete und nach einem besonders saftig anmutenden Exemplar griff. Es war ein Prinzenapfel. Niemals zuvor hatte ich auf dem Apfelweg einen solchen Apfel probiert. Jeder kennt das Aroma eines Elstar, eines Golden Delicious, eines Gala oder Jonagold, aber das der alten Apfelsorten, die den Weg zum See hinunter säumen, ist heute weitgehend vergessen. Auch mir war es völlig unbekannt. Während sich der köstliche Geschmack des Apfels in meinem Mund ausbreitete, kam irgendetwas in mir hoch und mit einem Mal war es glasklar: Es sind die Äpfel! Einige Jahre zuvor hatte ich von Gott den Satz gehört „... und du wirst auch Dinge aufheben." Damals hatte ich nichts damit anfangen können, aber jetzt fiel es mir wie Schuppen von den Augen. Alles, was ich für den Aufbau eines kleinen Unternehmens brauchte, hatte Gott mir direkt vor die Füße gelegt. Ich brauchte mein Glück nur aufzuheben.

KAPITEL 13

EINFACH ANFANGEN

„Ich weiß jetzt, was ich tun soll!" Hals über Kopf landete ich mal wieder etwas überstürzt in Michaels Büro, der daraufhin alarmiert aufblickte und so schnell wie möglich sein Telefonat beendete. „Was ist los? Ist dir etwas passiert?", fragte er und musterte mich von oben bis unten. Der irritierte Ausdruck auf seinem Gesicht verriet mir, dass mein Enthusiasmus ihn überforderte und er mit meinen Worten nicht besonders viel anfangen konnte. Ich musste also deutlicher werden. „Ich brauche Geld", brach es aus mir heraus. „So, du brauchst also Geld", wiederholte Michael. „Ja, genau." „Und wie viel Geld brauchst du?" „Ich weiß nicht genau, aber einen ziemlichen Batzen!" Michael starrte mich entgeistert an. „Es ist für die Äpfel. Nein, wegen der Äpfel. Es ist ... ich hab sie endlich: die perfekte Geschäftsidee." „Und diese Geschäftsidee hat etwas mit Äpfeln zu tun." „Ja, genau!" Begeistert, dass er mich auf Anhieb verstanden hatte, strahlte ich ihn an. „Und was genau willst du mit den Äpfeln machen?" „Na, mosten natürlich. Deshalb doch auch das Geld. Ich brauche ganz dringend eine Mostmaschine."

Nachdem ich Michael in aller Ruhe von meinem Erlebnis auf dem Apfelweg erzählt hatte, von meiner Gewissheit, dass Gott genau das mit mir vorhatte, hatte auch Michael ungewöhnlich schnell Frieden über diesem Entschluss. Uns beiden erschien es plötzlich als die perfekte Idee, Äpfel zu mosten. Schließlich gab und gibt es Äpfel hier in der Uckermark wirklich im Überfluss. Nicht nur auf unserem Apfelweg hinter dem Haus, sondern auch auf den zahlreichen Streuobstwiesen und in vielen Privatgärten standen Apfelbäume, die sich Herbst für Herbst unter der Last ihrer Früchte bogen. Viele wurden nicht abgeerntet und so fielen die Äpfel bergeweise zu Boden, verfaulten und moderten vor sich hin. Was für eine Verschwendung! Eine Verschwendung, die vollkommen unnötig war. „Goooott, ich bin so dankbar, dass du mir endlich gezeigt hast, was ich hier in der Uckermark mit meinem Leben anfangen kann! Das ist es also, was ich tun soll." Für mich stand außer Zweifel, dass dieser fantastische und eigentlich doch so naheliegende Einfall von Gott war. Es passte einfach alles. Keiner meiner anderen, eigenen Pläne war derart perfekt und von Frieden erfüllt gewesen. Ich weiß nicht, warum ich so lange warten musste, bis der Groschen gefallen war. Streckenweise war Gottes Schweigen für mich schwer zu ertragen gewesen. Aber ich hatte nie daran gezweifelt, dass er mir irgendwann zeigen würde, was ich tun soll, denn er ist treu. Er lässt uns vielleicht manchmal Wüstenzeiten erleben, Zeiten, in denen wir nichts von ihm hören oder seine Gegenwart nicht spüren, aber er ist trotzdem da, das steht für mich außer Frage. Wir bekommen die Antworten auf unsere Fragen eben nicht immer gleich. Manchmal erkennen wir im Rückblick, wie er uns gerade in diesen Zeiten des Wartens geführt und bereit gemacht hat, manchmal bleibt uns der tiefere Sinn aber auch verborgen. Mich tröstet es inzwischen, dass solche Zeiten ganz normal sind. Auch in der Bibel führt Gott die Menschen nicht immer schnurstracks auf ein Ziel zu, sondern lässt sie manchmal Umwege gehen.

Ohne jegliches Vorwissen bestellte ich nach langem Suchen eine kleine Schreddermaschine für Äpfel sowie eine Apfelpresse für den Hobbybedarf. Dann begann die Zeit des Experimentierens. In der Werkstatt des landwirtschaftlichen Betriebs richtete ich ein kleines Labor ein. Michael fuhr mir den Schlepper und einige andere landwirtschaftliche Geräte heraus, damit ich genügend Platz für die Flaschen, die Mostgeräte und die Äpfel hatte und endlich loslegen konnte. Ein bisschen fühlte ich mich wie bei ‚Jugend forscht‘, hatte ich doch keine Ahnung, wie man Apfelsaft am besten herstellte. Was waren die geeigneten Behälter, um die Äpfel zu sammeln und zu waschen? Womit sollte ich den Saft bloß erhitzen? Und auf welche Temperatur? Während es recht einfach war, eine Antwort auf die ersten Fragen zu finden, da ich in diesem Bereich erst einmal improvisieren konnte, erwies es sich als ungleich schwerer, das Temperaturproblem zu lösen. Doch viel Zeit blieb mir nicht. Die Äpfel waren bereits reif und mussten zügig verarbeitet werden. „Einfach anfangen“, lautet der Werbespruch des mecklenburgischen Wirtschaftsministeriums, um Unternehmer in Gang zu setzen. Wenn die wüssten, wie mein Anfang war ...

Einige Tage und Nächte verbrachte ich in unserer Werkstatt, bis ich eine Antwort auf die Temperaturfrage, die letzte und kniffeligste aller Fragen, gefunden hatte. Ich war wie in einem Rausch. Schlaf war ein Fremdwort. Manchmal riss ich mich aus

der „Mosterei" los und schlief einige Stunden, um dann weiter-
zumachen. Weder die Kälte der Endoktobernächte noch die er-
hitzten Flaschen oder der überlaufende heiße Saft konnten mich
stoppen. Schließlich war das Problem gelöst und die optimale
Temperatur gefunden.

Eigentlich hatte ich vorgehabt, meine Experimente zunächst für
mich zu behalten und in der Heimlichkeit der Werkstatt vor
mich hinzuwerkeln, bis ich mir selbst sicher war, was ich da eigentlich tat. Aber da hatte ich die Rechnung ohne einige meiner Nachbarn gemacht. Es dauerte nicht lange, bis alle Bescheid
wussten. „Sie macht Apfelsaft in seiner Werkstatt!", verbreitete
sich die Neuigkeit wie ein Lauffeuer, und schon bald war ich immer von neugierigen Zuschauern umgeben. Viele kannten sich
aus und unterstützten mich mit hilfreichen Tipps: „Det löft so!",
hieß es, oder: „Meene Mudder hat det immer so jemacht!", und
dann folgten äußerst interessante Beschreibungen der unterschiedlichsten Mostprozedere. „Ik komm mal kieken!", wurde
mir oft versichert, wenn ich im Dorf mit jemandem über meine
Mostversuche ins Gespräch kam, und immer wieder wurde die
Frage gestellt: „Kann ik dir helfen?" Besonders einige Frauen,
von denen viele seit der Wende arbeitslos waren, waren froh,
dass mit einem Schlag etwas Ungewöhnliches passierte und sie
gebraucht wurden.

Sogar bei den Wochenendberlinern – Hauptstädtern, die hier in
der Gegend ein Haus haben und sich an ihren freien Tagen in
der stillen, friedlichen Uckermark vom Großstadttrubel erholen
– sprach sich schnell herum, dass ich neuerdings mostete. Auch
hier ließ die Reaktion nicht lange auf sich warten; allerdings fiel
sie ganz anders aus als die der übrigen Lichtenhainer. Unterstütz-

ten mich diese bei der Weiterentwicklung meiner Mosttechnik, sorgten die Wochenendberliner dafür, dass ich genügend Rohmaterial zum Üben hatte. Wenn ich morgens aus dem Haus kam, stand oft der ganze Hof voller Säcke, die bis zum Rand mit Äpfeln gefüllt waren – und das ungefragt und unangemeldet. Es hing einfach ein Zettel mit dem Namen des Besitzers daran, frei nach dem Motto: „Du mostest uns die Äpfel schon durch!" Dass ich damit oft bis nach Mitternacht, nicht selten sogar bis vier Uhr in der Früh beschäftigt war, konnte niemand wissen.

Wir wuschen die Äpfel in einer alten Badewanne aus dem Gutshaus, füllten sie anschließend in Eimer und hievten sie per Hand in eine Schreddermaschine. Die dort entstehende Maische transportierten wir dann portionsweise auf die Presse. Dafür brauchten wir Unmengen an Eimern und Wannen! Der frisch gepresste, kalte Saft floss in große Behälter und stand dort bis zur Weiterverarbeitung – oder er musste weggegossen werden, weil ich es nicht rechtzeitig geschafft hatte, ihn zu erhitzen. Das kam anfangs häufiger vor, denn es war beinah ein Ding der Unmöglichkeit, mit normaler Hausfrauentechnik Hunderte von Litern Saft heiß zu bekommen! Aus heutiger Sicht war das Wegschütten des Saftes natürlich eine gewaltige Schande – schließlich war aus ihm durch das zu lange Stehen ein herrlicher Federweißer geworden, der da so vor sich hinblubberte – aber das war mir damals nicht bewusst. Es bereitete mir enorme Magenschmerzen, dass der Saft immer wieder kippte, nur weil ich nicht mit dem Abkochen nachkam. Zum Glück fiel uns nach einer Weile eine bessere Methode ein, wie wir den Saft erhitzen konnten: Auf einem getunten Gaskocher stand fortan ein Riesentopf mit heißem Wasser, in dem eine Mostspirale hing, durch die der Saft erhitzt wurde. Um das Wasser schneller auf die gewünschte Temperatur zu bekommen, stellten wir außerdem noch zwei Kälbermilcherhitzer, das sind riesige Tauchsieder, hinein.

Nachdem das Problem mit der Erhitzung bewältigt war, sah ich mich gleich mit dem nächsten konfrontiert. Nun galt es, die richtigen Flaschen zu beschaffen; Flaschen, die sich dazu eigneten, den Saft mehrere Monate lang zu lagern. Auch das war für mich Neuling zuerst einmal eine gewaltige Herausforderung. Heute kommen die Lastwagen mit den Paletten voller Flaschen wie selbstverständlich auf den Hof gefahren, doch der Anfang war schwer. Wie sollte ich bloß herausfinden, wo und wie viele und vor allem zu welchem Preis ich Flaschen bestellen sollte? Für einen Laien wie mich war dieses Rätsel kaum zu lösen. Doch Buchhändler finden alles, dafür sind sie ausgebildet! Und so klärte sich schließlich auch diese Frage.

Obwohl das Mosten sehr zeitaufwendig und anstrengend war, widmete ich mich dieser Aufgabe von Anfang an sehr gerne. Es war ein ganz besonderes Erlebnis und so befriedigend zu sehen, dass ich etwas geschaffen hatte, was gefragt und einfach nur schön war. Es erfüllte mich mit Glück, nachts in der stillen Uckermark unter sternenklarem Himmel zu arbeiten. Nur einige einsame Gänseschreie erinnerten mich hin und wieder daran, dass ich nicht ganz allein war. Man kann es nicht anders sagen – es war ein ziemlich unprofessioneller Anfang. Aber immerhin produzierten wir mit dieser simplen Technik im ersten Jahr Tausende von Litern köstlichsten Apfelsaft.

KAPITEL 14

SAFTIGE ERFAHRUNGEN

N ach diesem Start hatte ich fast ein Jahr Zeit, mir Gedanken darüber zu machen, wie es mit der Mosterei weitergehen sollte. Auf dem provisorischen Kocher die Nächte durchzuarbeiten, konnte keine Dauerlösung sein, das war sowohl Michael als auch mir klar. Nach vielen Überlegungen und Gebeten erwarben wir schließlich eine mobile Mosterei. Kurz vor der Apfelernte im nächsten Jahr annoncierte ich in den verschiedenen Regionalzeitungen, um auf mein kleines Unternehmen aufmerksam zu machen. Mit Slogans wie „Saft aus den eigenen Äpfeln" versuchte ich die zahlreichen Apfelbaumbesitzer in der Uckermark dafür zu begeistern, ihre Äpfel weiterzuverwerten, anstatt sie vergammeln zu lassen. Zu DDR-Zeiten hatte es sogenannte Sammelstellen gegeben und das Obst war gut verwertet worden, aber nach der Wende war das weggefallen. Und selbst erzeugter Saft hatte auf einmal keinen Wert mehr. Das Bewusstsein für die besondere Köstlichkeit von sorgfältig hergestelltem Saft, bei dem man sozusagen mit jedem einzelnen verwerteten Apfel per Du war, musste sich erst wieder entwickeln. Dennoch lockten die Anzeigen sowie die Mund-zu-Mund-Propaganda gleich im ersten Jahr eine Menge Kundschaft an. Bis heute ist der Kontakt mit den Lohnmostkunden für mich der schönste Teil meiner Arbeit. Dadurch bin ich außerdem bestens informiert über sämtliche Geschehnisse auf den umliegenden Dörfern. Die Menschen freuen sich, dass sie tatsächlich nicht irgendeinen frisch gepressten Apfelsaft bekommen, sondern den von ihren eigenen Äpfeln. Dadurch gewinnt der gesamte Arbeitsvorgang beeindruckend an Wert. Manche Kunden sind inzwischen sogar geschmacklich derart sensibilisiert und spezialisiert, dass sie sich Saft wünschen, der getrennt nach den verschiedenen Apfelsorten wie Goldparmäne oder Boskop hergestellt wird. Saft aus dem Boskopapfel ist aber auch wirklich ein Traum! Die meisten Neukunden stehen anfangs fasziniert neben der Mostmaschine und beobachten, wie aus ihrem Sack Äpfel innerhalb von knapp zwanzig Minuten mehrere Kisten Saft werden. Sind wir mit der mobilen Mosterei auf den Dörfern unterwegs, macht sie viel Krach, und der heiße Dampf erzeugt im Dunkeln romantische Bilder, die den aus dem Büro kommenden Städter lange verträumt zuschauen lassen. Mit den eigenen Händen die kostbaren Äpfel auf das Förderband zu kippen, schnell noch eventuell angefaulte auszusortieren, um dann ein Jahr lang den entstehenden Saft zu genießen, das hat schon was! Es berührt und freut mich jedes Mal, wenn ich Kunden erlebe, denen man die Achtung ihrer Säfte deutlich anmerkt. Anfangs beobachtete ich oft, wie Kunden ihre noch warmen Flaschen sorgsam, fast liebevoll, im Kofferraum ihres Trabbis verstauten, jede Lage mit einer eigenen Decke geschützt. Das zu sehen, ließ mir das Herz aufgehen.

Aber wir produzieren ja nicht nur den Saft für die Lohnmost-kunden, sondern auch eigenen, den wir anschließend verkaufen und weiterverarbeiten. „Reicht es Ihnen nicht irgendwann mal mit dem ganzen Apfelsaft?", werde ich hin und wieder gefragt, aber das ist ganz und gar nicht der Fall. Noch heute trinke ich am liebsten Apfelschorle.

Die Äpfel für den eigenen Saft sammeln wir auf dem Apfel-weg, der mich überhaupt erst auf die Apfelidee gebracht hat, außerdem profitieren wir dankbar von den zahlreichen großen Obstgärten, die es hier in jedem Dorf gibt, und den vielen einsa-men Wegen, an denen Apfelbäume stehen. Natürlich haben wir mittlerweile auch selbst eine Vielzahl an jungen Apfelbäumen gepflanzt. Jedes Jahr kommen neue hinzu, und so besitzen wir inzwischen einige Streuobstwiesen. Im Jahr 1997, also knapp drei Jahre vor meinem alles verändernden Erlebnis auf dem al-ten Apfelweg, hatten wir interessanterweise bereits einen neu-en Apfelweg angelegt. Zufall oder Führung? Ich erinnere mich noch gut daran, wie wir die Bäume gepflanzt haben. Michael war geschäftlich unterwegs, sodass die ganze Verantwortung für die Pflanzaktion auf meinen Schultern lag. Vor seiner Abreise hatte er uns den Auftrag gegeben, bis zu seiner Rückkehr 250 Bäume zu pflanzen. Er war bereits weggefahren, als mir klar wurde, dass das so gut wie unmöglich war. Vier Mann brauchten für einen Baum mindestens 20 Minuten, die Kaffeepause nicht eingerechnet. Ich wurde leicht panisch. Keinesfalls wollte ich, dass Michael bei seiner Heimkehr enttäuscht feststellen müss-te, dass wir statt der 250 erst 40 Bäume gepflanzt hatten. Also organisierte ich schnell noch einige Aushilfskräfte. Am Abend rief Michael an und was stellte sich heraus? Ihm war vollkom-men klar gewesen, dass es ein Ding der Unmöglichkeit war, in der Kürze der Zeit so viele Bäume zu pflanzen. Er hatte uns nur etwas anspornen wollen! Fassungslos starrte ich den Hörer an. Ich war vollkommen fix und fertig, nahm mir aber vor, es ihm zu zeigen. Wir würden trotzdem alle Bäume pflanzen, allein schon, um ihn endlich mal sprachlos zu machen. Die Apfelallee zum Suckowsee hinunter entlang der hügeligen Felder wurde wunderschön; zwanzig verschiedene alte Apfelsorten hatten wir ausgesucht und inzwischen tragen die Bäume sogar schon.

Nachdem sich das ganze Mostunterfangen etwas eingespielt hatte, begann ich mir Gedanken über die Vermarktung meines Saftes zu machen. Ich wusste inzwischen, wie man Saft herstellte, das Problem mit den Flaschen war gelöst, nun musste ich mir überlegen, mit welchen Mitteln ich meine köstlichen Säfte an den Mann bringen konnte. Ich hatte endlose Ideen für ein Firmenlogo. Einmal träumte ich, dass ich Äpfel unter einem Baum aufsammelte und dachte nach dem Aufwachen sofort: ‚Das wird mein Logo!‘ Dann tendierte ich eher dazu, nur eine Schwarz-Weiß-Zeichnung von einem Apfelbaum zu nehmen. Tatsächlich wurde das mein erstes Logo, das ich aber nach einiger Zeit noch einmal änderte, weil ich einfach etwas Farbenprächtigeres wollte; ein Logo, das sofort im Gedächtnis haften blieb. Und was hätte nähergelegen, als einfach einen Apfel zu nehmen? Einen knallroten, saftig wirkenden Apfel. Gemalt von dem Apfelpfarrer Korbinian Aigner, der im Konzentrationslager aus Apfelkernen Apfelbäume gezüchtet hat. Damit war ich sehr glücklich – bis ich auf einer Veranstaltung von einer Beraterin entdeckt wurde, die das Design des Magnum-Eises entwickelt hat. Ich fühlte mich sehr geehrt, dass diese hochkarätige Beraterin sich mit meinem kleinen Apfelthema beschäftigen wollte, doch sie war von meiner Idee insgesamt fasziniert. Mit ihrer Erfahrung

Der alte Apfelweg

Apfelsegen in der Uckermark

Der alte Apfelweg zum Suckow-See

Der neue Apfelweg trägt erstmals

Die Anfänge

Mostpause in Michaels Werkstatt

Erste Mostversuche mit der Badewanne

André & ich beim Mosten

Mit der mobilen Mosterei unterwegs – die Anfä

Der Apfelnachschub bricht nicht ab

Mit André in Templin

Mit Peggy Matthes in
Friedrichswalde

osten mitten in Templin, Pause nach dem
fbau

Verkaufsstand am See in Lychen, daneben die Mosterei

Mein zweites Apfellogo

Das jetzige Logo von „Haus Lichtenhain"
– mosten in Parlow, seit 4 Uhr auf

e alte Badewanne hat längst ausgedient

Die mobile Mosterei

schenabfüllung im Minutentakt

Der Weg zur Mosterei

Thomas Lehmann – seit Jahren unser Obermoste

Mostmänner

Unser Lieferwagen vor der Produktionsstätte unserer Apfeldelikatessen

Mein kleiner Hofladen wird ständig umgeräumt

Das „Haus Lichtenhain"-Team

Mal wieder eine dekorative Idee

Mit den Mitarbeiterinnen in der Backküche

Backfrische, handgearbeitete Apfel-Dukaten

Fototermin unter der Kastanie

Apfeltafel

Verkaufsstand vor der Märchenvilla Eberswalde, mit Petra Gennrich

Reisebus vor Haus Lichtenhain – wie so oft im Sommer

Gästegruppe unter der Kastanie

Mit einer Besuchergruppe am Feldrand hinter unserem Garten.

Busgruppe und Filmteam an einem Tag!

Nr. 134 NWZ

Das Zwergeselfohlen in der Sagerheider Zoofarm ist der Liebling aller Kinder. Soll es „Beetle" heißen?

Erster Kontakt mit der Presse

erbsttisch im Wohnzimmer für eine edle Zeit-
hrift dekoriert

Besuch der Bethel-
Diakonissen aus Berlin

e Kundin von morgen

Glück

Einer der alten Bäume auf dem Apfelweg trägt immer noch Prinzenäpfel!

entstand das neue Logo von Haus Lichtenhain. Es gleicht einem Wappen mit der Grafenkrone und wirkt um einiges edler als der Apfel, den wir vorher hatten. Einige meiner Mostkunden trauern dem alten Apfellogo bis heute hinterher, doch ich bin davon überzeugt, dass nicht zuletzt das neue Corporate Design für die Weiterentwicklung meines Unternehmens in den letzten Jahren gesorgt hat. Und so bin ich jener Beraterin bis heute dankbar, dass sie sich meiner angenommen hat.

Die Kaufentscheidung für die mobile Mosterei erwies sich gerade im Nachhinein als wahrer Glücksgriff. Da die Uckermark so dünn besiedelt ist, ging mir nämlich irgendwann die Erkenntnis auf: „Wenn die Äpfel nicht in ausreichender Menge zu mir kommen, dann muss ich eben zu den Äpfeln fahren!" Natürlich, so ging es! Inzwischen hat sich diese Methode gut etabliert; im Erntemonat Oktober sind wir mit unserer Mosterei an verschiedenen Orten unterwegs. Oft ist das Mosten mit einem dort stattfindenden Dorffest verbunden.

Der bislang schönste Mosttag war der mit Orgelböhli, der in der Nähe von Joachimsthal stattfand. Das Ehepaar, das das Fest organisiert hatte, stammt aus dem Rheinland und lebt jetzt in Neugrimnitz. Der Hof wurde an einem Montag für die Apfelpresse zur Verfügung gestellt. ‚Na, ob das was wird?‘, dachte ich vorher. ‚Das wird sicher nichts! Am Montag ein Fest zu feiern, wer hat da schon Zeit?‘ Aber schon bei unserer Ankunft wurde ich eines Besseren belehrt und mir wurde klar, dass ich zwei Dinge gründlich unterschätzt hatte: die rheinische Frohnatur der stolzen Drehorgelbesitzer und das strahlende Oktoberwetter. Ich traute meinen Augen kaum. Berge von Schmalzstullen stapelten sich auf den Tischen und es standen Unmengen an

Kaffee bereit. Die Veranstalter hatten alle Leute eingeladen, die sie auch nur im Entferntesten kannten, und die meisten waren tatsächlich gekommen. Außerdem vergnügten sich noch die Bewohner zweier Seniorenheime den ganzen Tag über auf dem Hof und schauten dem bunten Treiben begeistert zu. Sogar ein Mitarbeiter der örtlichen Zeitung war erschienen. Orgelböhlis Drehorgelmusik brach den ganzen Tag über nicht ab und klang schlichtweg herzerweichend! Wir sangen „Märkische Heide", mosteten wie die Weltmeister und „verkooften ohne Ende". Das war mein bester Tag! Leben! Freude! Freude durchbricht alles. Es ist einfach so.

„Du und dein Buch! Schreib det bloß allet uff!", meinte eine meiner Powerfrauen regelmäßig, ohne die die Mostsaison nicht zu überstehen war. Wie ein Soldat stand sie in der Mosterei und hatte einfach alles unter Kontrolle. Ihre Sprüche, voller Lebensweisheit, gefielen mir so gut, dass ich sie manchmal notierte, wie beispielsweise diese Erkenntnis: „Da kommen zwei in die Mosterei rein, er hat's im Rücken und sie trägt 'ne helle Jacke, da weiß man doch, was man zu tun hat!" Für diese Powerfrau gab es dann immer nur eines – dabei mitzuhelfen, die schweren Säcke zum Förderband zu transportieren und auf die Hilfe der Kunden zu verzichten. Gern teilte sie ihre berühmten motivierenden Sprüche auch an die männliche Belegschaft aus: „Nu hab dich mal nich so wie'n Mädchen", sagte sie zum Beispiel, wenn die Männer wehleidig ihre Blasen vom Zuschrauben der Flaschen betrachteten.

„Ik geh zu Daisy, da speck ik ab", sagen meine Mitstreiter immer und die Mosterei wird häufig als „Muckibude Daisy" bezeichnet. Unser Obermoster verliert in der Saison richtig an Gewicht, denn Mosten ist wirklich eine ziemliche Maloche. Tiefe braune Furchen durchziehen unsere Alabasterhände, denen man die harte Arbeit ansieht. Dagegen hilft nichts. Nicht einmal der rote Nagellack, den mir eine mitleidige Freundin mit Blick auf meine Hände gab.

Was ist Glück? Saft!!! Eindeutig! Wer etwas anderes behauptet, hat keine Ahnung. Manchmal bin ich mir der menschlichen Begrenztheit nur zu bewusst, zum Beispiel wenn sich ein Problem wie ein mächtiges Gebirge vor mir auftürmt. Aber inzwischen habe ich die gute Erfahrung gemacht, dass auch eine Frau problemlos lernen kann, was ein Hydraulikschlauch ist! Und das Erlebnis, wenn nachts der Strom in der Werkstatt zusammenknallt und plötzlich, mitten im Hochbetrieb, gar nichts mehr geht, ist ebenfalls unübertroffen. Zum Glück ist Michael immer in meiner Nähe und sei es per Handy. Trotz der Schwierigkeiten, die es immer mal wieder gibt, gehört das Mosten aber mittlerweile so sehr zu unserem Leben, dass es uns ähnlich geht wie den Männern, die im Juni schon freudig sagen: „Bald jeht det Mosten ja wieder los!"

KAPITEL 15

MULTIFRUCHT APFEL

Mit der Herstellung von weiteren Apfeldelikatessen begannen wir fast unmittelbar nach dem ersten, improvisierten Mostjahr. Denn Ende November, als die Mostsaison leider zu Ende war, standen mit einem Mal wieder einige Frauen vor der Tür, ganz nach dem Motto: „Es war so schön mit dem Saften, und was machen wir jetzt, du hast doch sicher Arbeit?" „Was kannst du denn, was macht dir besonders viel Spaß?", fragte ich sie. Ich wollte mir so herzlich gerne etwas einfallen lassen, um Arbeit zu schaffen, und es war mir wichtig, jede Frau halbwegs nach ihren Talenten einzusetzen. „Ach, ik kann jut kochen", sagte die eine und „Ik find verkoofen jut" die andere. ‚Na gut, aus dem Apfel kann man ja noch sehr viel mehr machen als nur Apfelsaft!', dachte ich mir. Und so fingen wir an, aus dem Saft Gelee zu kochen. Das Gelee hat zahllose Variationen mit Lavendel- oder Rosenblüten, Muskat und vielem mehr durchgemacht, doch inzwischen gibt es nur noch vier

Sorten: mit Zimt, mit Ingwer, mit Vanille und pur. Alles weitere verwirrt die Kunden.

Außerdem fingen wir an, die Lageräpfel in Scheiben zu schneiden und in der Ofenröhre zu trocknen. Die braunen, schnurpseligen Dinger, die dabei entstanden, verpackten wir dann in eine Tüte und fertig war das neue Produkt. Auf die Idee gekommen war ich durch einen Nachbarn, der tatsächlich seit Jahr und Tag nach diesem Verfahren Äpfel für sich und seine Familie auf der Heizung trocknete.

Mit diesen neuen apfeligen Delikatessen – alles hübsch verpackt – fuhren wir auf Märkte. Diese sind meine Leidenschaft, nach wie vor. Und die Menschen haben gekauft. Wunderbar! Der Beginn war gemacht. Meine ersten Markterfahrungen machte ich mit Batterien von Apfelsaft, getrockneten Äpfeln, den Gelees und einem Apfelkranz auf dem Kopf, der wegen meines fortschreitenden Alters mittlerweile nicht mehr zum Einsatz kommt. Noch immer bin ich meinen Kunden dankbar, dass sie schon das so gut angenommen haben. Inzwischen gibt es bei uns rund 25 Delikatessen aus dem Apfel: Apfelstücke in Schokolade, Golddukaten, Apfel-Cantuccini, Apfellikör, Apfel-Chutney und vieles mehr. Einige Frauen sind daran beteiligt und mit Elan bei der Sache. Es ist mir ein Herzensanliegen, Arbeit zu schaffen. Das ganze Jahr über sind immer mehr Arbeitskräfte mit dem Apfelthema beschäftigt. Aber noch lange nicht genug!

Das einzige Produkt, welches nichts mit dem Apfel zu tun hat, sind bisher die Arnim-Thaler. Diese sind aus feinstem Mürbeteig, mit Johannisbeergelee gefüllt und mit einer weißen Glasur überzogen. Dadurch sind sie herrlich rot-weiß, was sowohl die arnimschen Wappenfarben als auch die des Landes Brandenburg sind. Ich war hellauf begeistert, als ich diese köstlichen Kekse auf einem Weihnachtsteller meiner Schwiegermutter zum ersten Mal entdeckte. Wirklich neugierig wurde ich jedoch, als ich bemerkte, dass Michael immer nur zu diesen Keksen griff, nie zu den anderen. „Könntest du dir vorstellen, mir das Rezept für die Kekse zur Verfügung zu stellen?", bat ich meine Schwiegermutter. „Sie wären bestimmt auch bei den Kunden ein absoluter Erfolg." Sie gab mir das Rezept. Ich bin ihr bis heute sehr dankbar dafür, denn mir ist vollkommen bewusst, dass sie mir damit ein unglaubliches Geschenk gemacht hat. Mit Michael zusammen überlegte ich, welchen Namen wir den Keksen geben könnten. Nachdem wir kurz Gott um eine Idee gebeten hatten, ließen wir unserer Fantasie freien Lauf. „Naja", sagte Michael, „irgendwie sehen sie ja aus wie Thaler, findest du nicht auch? Und sie haben die arnimschen Farben. Wie wäre es denn mit *Arnim-Thaler*?" Ich war sofort einverstanden. Tatsächlich sind die Arnim-Thaler heute ein großer Erfolg. Wir backen sie fast täglich. Und ich bin mir ganz sicher, dass ihr Erfolg vor allem auf vier Dinge zurückzuführen ist: Das Sekundengebet, die gemeinsame Entscheidung, das vorzügliche Rezept und den wunderbaren Namen.

KAPITEL 16

MARKTTREIBEN

Schon als Kind habe ich es geliebt, auf Märkte zu gehen und das bunte Treiben dort zu beobachten. Der Kramermarkt in Oldenburg hatte es mir besonders angetan, und ich freute mich immer sehr darauf, mit meinen Geschwistern zusammen hinzugehen. Besonders gerne beobachtete ich die Marktfrauen, die verkaufstüchtig ihre Waren an den Mann brachten, nett mit den Kunden plauderten und mit Leib und Seele bei der Sache waren. Deshalb war es für mich auch ein naheliegender Gedanke, meine Apfelprodukte auf Märkten zu verkaufen, und ich freute mich sehr darauf, sie persönlich anzubieten.

Eine Gräfin auf dem Wochenmarkt ist allerdings schon so eine Sache. Meine Marktkollegen beobachteten mich erst einmal aus sicherer Distanz und wussten nicht genau, wie sie mit mir umgehen sollten. Obwohl ich wirklich keinen Aufstand um mich machte, hatte es sich doch herumgesprochen, dass „die Gräfin persönlich" ihre Waren zum Kauf anbot. Nachdem sich die erste Aufregung gelegt hatte, schmeckte aber auch der gemeinsame Kaffee morgens, und mittlerweile ist alles ganz normal. Für mich ist es wichtig, unsere apfeligen Delikatessen direkt am Kunden austesten zu können, denn ich bin permanent neugierig: Was ist gefragt, was geht nicht und ist zu verändern, welcher Standort ist ausbaufähig? Was schmeckt wem? Außerdem ist es einfach wunderbar, so mitten im Leben zu stehen! Ich bin voller Bewunderung für alle Menschen, die das nicht nur von Zeit zu Zeit machen, sondern ihr ganzes Leben lang.

Einmal bin ich in Pankow auf dem Markt umgekippt. Mir schlug rührende Solidarität entgegen, einige Kunden kamen mich im Krankenhaus besuchen, die Marktchefin passte auf meinen Marktstand auf und mein erster Satz zu dem behandelnden Arzt, der mich wieder ins Leben beförderte, war: „Ich will zu meinem Marktstand!" Glücklich erholte ich mich in der Klinik einige Tage, allerdings mit der roten Karte von Michael in der Hand. „Wir müssen uns etwas anderes einfallen lassen. Du kannst nicht so oft um fünf Uhr aufstehen, die weite Fahrt nach Berlin auf dich nehmen und anschließend bei Wind und Wetter stundenlang verkaufen. Das ist einfach zu viel", hatte er gesagt, als er zu mir ins Krankenhaus gekommen war. Trotz meiner Liebe zum eigenhändigen Verkaufen bin ich deshalb sehr dankbar dafür, dass inzwischen auch das Versandgeschäft recht gut angelaufen ist. Denn das gibt mir mehr Möglichkeiten, von zu Hause aus zu arbeiten; mehr Möglichkeiten, bei meiner Mosterei, meinem Laden, den Feriengästen, den Frauen und meinem Mann zu bleiben. Was aber nicht heißt, dass ich es mir nehmen lasse, bei ausgewählten Veranstaltungen mit einem eigenen Verkaufsstand präsent zu sein. Denn schließlich bin ich nach wie vor eine begeisterte Marktfrau.

Wenn ich in den alten Bundesländern einen Verkaufsstand habe, merke ich immer ganz besonders, wie sehr ich mittlerweile in der Uckermark zu Hause bin. Vor einigen Jahren waren wir auf dem Weihnachtsmarkt in Bückeburg, einer riesigen, vornehmen Veranstaltung rund um das dortige Schloss. Als ein etwa 50-jähriger Mann an meinen Stand trat, wurde im Gespräch schnell seine uckermärker Herkunft deutlich. Wir hatten sofort eine Verbindung. Ich fühlte mich ihm näher als all den anderen Menschen, die zwischen den wunderschönen, luxuriösen Verkaufsständen umherschlenderten. Er kaufte sich ein Glas Apfelgelee und bemerkte, das erinnere ihn an seine Großmutter. „So gut wie Ihre Großmutter können wir das aber bestimmt nicht kochen", erwiderte ich. Dieses kaufe er, meinte er unbeirrt, weil es aus der Uckermark komme, seiner Heimat, er sei in Angermünde geboren. Das war dann auch für mich zu viel bei all der weihnachtlichen Verkaufsbelastung. Wir standen mit Tränen in den Augen voreinander. Ich konnte seinen Schmerz über das Aufgebenmüssen seiner Heimat so gut verstehen. Wir können nur hoffen, dass all diese fähigen Menschen, die, aus welchen Gründen auch immer, die schöne Uckermark verlassen mussten und immer noch müssen, diese nicht vergessen und den Kontakt zu ihrem eigentlichen Zuhause intensiv pflegen. Ich baue seit einiger Zeit eine Adressdatei mit ehemaligen Uckermärkern auf, um sie regelmäßig mit Neuigkeiten aus dem Apfelland zu versorgen.

Michael war mit in Bückeburg. Wir hatten vorher ausgemacht, dass er die Frauen bedient und ich die Männer. Nun waren da aber fast nur Frauen, die kaufen wollten. Das war fast wie ein Rausch für ihn und selbst kurz vor Feierabend wollte er sich keine potentielle Kundin durch die Lappen gehen lassen. Er war in seinem ungeahnten Verkaufselement: „Das ist Apfelchutney, das haben wir in Zwiebel-Chili und Knoblauch-Rosine, wollen Sie mal kosten?" Zwischendurch kam seine verschämte Frage an mich: „Du, sagt man im Westen nicht ‚kosten'?" „Nein! Probieren heißt das", klärte ich ihn auf. „Oder frag einfach: ‚Darf ich Ihnen etwas Apfelchutney anbieten?'" Und wo wir gerade schon dabei waren, konnte ich es mir nicht verkneifen anzumerken: „‚Trinkröhrchen' anstatt ‚Strohhalm' ist übrigens auch nicht wirklich in!" Einen Moment lang stellte ich mir vor, ich hätte meine Haus Lichtenhain-Frauen mitgenommen. Da hätte das noch einmal ganz anders geklungen: „Schmeiß det mal rüber, nee, det is mir nischt, ham wa nich, det is lecker, ik weeß det oooch nich, fragn Se mal die Chefin!" Ich liebe diesen Jargon.

Besonders schön ist es für mich, im tiefsten Ostberlin zu sein. Ich hatte anfangs ziemliche Angst, wie mich die Menschen dort annehmen würden, besonders wegen meines Namens! Doch da hatte ich mich völlig unnötig gesorgt. Es ist etwas ganz Besonderes, dort stehen und seine Waren anbieten zu dürfen. Alles ist ein wenig einfacher, lieber, man gönnt sich eher mal was. Meine kleinen Apfellikörfläschchen mit 20 ml Inhalt gingen in Bückeburg überhaupt nicht, bei den Späth'schen Baumschulen im tiefsten Ostberlin dafür „wie geschnitten Brot". Viele schlenderten in Freundesgruppen über den Markt und machten sich in der Baumschule einen schönen Tag; sie gönnten sich einen netten Einkauf, verbunden mit einem kleinen Likörchen. Mir fiel besonders die große, natürliche Herzlichkeit auf, mit der sich die Menschen begegneten, sowohl die Besucher als auch die Mitarbeiter. Es war bereits gegen Ende des Monats, da sind die Geschäfte normalerweise immer etwas matter, aber dort war davon nichts zu merken. Die allgemeine Stimmung macht einfach alles aus. Inzwischen weiß ich ziemlich genau, an welchen Standort ich welche Produktpalette mitnehmen muss, was ich also wo besonders gut verkaufen kann.

Ich genieße es, durch meine Produkte an die verschiedensten Orte zu kommen. So stand ich zum Beispiel auch eine Zeitlang jeden Abend mit einem Verkaufsstand im Seehotel Templin. Das ist ein altes Riesenhotel aus DDR-Zeiten. Inzwischen ist es leider fast vollständig renoviert, und es ist eigentlich immer voll. Für mich hat es immer noch einen Hauch von Ostalgie, der mich jedes Mal wieder faszinierte, wenn ich zu meinen abendlichen Verkaufsaufenthalten dort war. Es fasst 700 Menschen und mehr, die bussewcise anreisen. Alles bestens organisiert. Ost und West vermischt sich hier in riesigen Speiseräumen, in der Tanzbar und dem gut funktionierenden Schwimmbad aus DDR-Zeiten. Den Verantwortlichen habe ich vorgeschlagen, einige Zimmer so zu belassen, wie sie sind, die seien doch schon museumsreif. Man hat das Gefühl, in eine vergangene Welt einzutauchen, wenn man einen der wenigen noch nicht renovierten Flure betritt. Es ist, als wäre die Zeit stehengeblieben. Und die Zimmer dort sind noch komplett so eingerichtet wie zu DDR-Zeiten. Der Ton im Hotel ist freundlich bis lieb. Ja, wirklich lieb. Das ist schon bemerkens- und erlebenswert anders. Nie zuvor hatte ich so etwas in dieser Konzentration erlebt; ich werde ganz klein mit jeglichem Urteil meinerseits über die von mir nicht erlebte DDR.

Die Stimmung unter den Marktkollegen ist allerdings schlecht. Frage ich den einen: „Na, wie war's denn heute?", antwortet er garantiert: „Schlecht, schlechter als im Vorjahr, wird immer schlechter, na und bei dir?" „Na, super! Sogar in Boitzenburg habe ich guten Umsatz gemacht und dabei noch Spaß gehabt!" Normalerweise kommt als Reaktion darauf eine Relativierung wie zum Beispiel: „Na ja, sooo schlecht ist es bei mir ja ooch nich!"

Was mich besonders begeistert, sind die vielen Geschichten, die meine Marktkollegen in ruhigen Minuten zum Besten geben. Am schönsten finde ich die Geschichte vom Gipsmann. Zu DDR-Zeiten, so heißt es, hätten immer alle gesagt: „Nichts geht mehr, gar nichts, wie soll das bloß alles werden?" Der Gipsmann aber hatte einen Gartenzwerg aus dem Westen. Einen einzigen. Den beschmierte er kunstvoll mit Latex, davon fertigte er einen Gipsabdruck an und schon ging es los: In Handarbeit wurden Hunderte davon kopiert, angemalt und anschließend in den Trabbi geladen. Morgens fuhr der Gipsmann dann mit all seinen Gartenzwergen auf den Marktplatz der Stadt X. Dort entdeckte ihn sofort eine der Frauen, die den ganzen Tag aus dem Fenster schaute, und sie rief lauthals über den Markt: „Der Gipsmann ist wieder da!" Innerhalb kürzester Zeit hatte er stets das ganze Auto leer verkauft. Diese Geschichte zeigt, dass immer etwas geht, aber es ist auch eine Frage von Biss, Freude und Liebe zu den Menschen. Ohne Zweifel ist das Hören auf die innere Stimme entscheidend und die Fähigkeit, auch schlechte Tage wegstecken zu können. So habe ich auch schon einmal in Berlin gestanden und nicht ein einziges Produkt verkauft. Doch als ich völlig frustriert nach Hause kam, wartete im Fax ein schöner Auftrag auf mich. Alles gleicht sich irgendwie aus, das erwarte ich einfach.

Auch die Nachwendegeschichten meiner Händlerkollegen sind faszinierend. Ich könnte stundenlang zuhören, wenn sie berichten, wie sie an der einen Stelle irgendwelche Dosen spottbillig eingekauft hatten, um sie dann auf dem Markt superteuer weiterverkaufen zu können. Das sei aber nur nach der Wende möglich gewesen. Eigentlich müsste es im Osten Deutschlands vor Unternehmern und Erfindern nur so wimmeln, haben die Menschen dort doch viel besser gelernt, Lücken zu finden und Ideen auch unter schwierigsten Bedingungen zu realisieren. Ich denke da an die vielen Autoreparaturwerkstätten oder all die kreativen Bastler, die aus nichts alles zu machen wussten.

Manchmal ist es gar nicht so einfach, an derart vielen verschiedenen Orten aktiv zu sein, wie wir es sind. Gehobenere Veranstaltungen sind für mich in der Mostzeit zum Beispiel eine wahre Herausforderung. Da stehe ich an einem Tag noch in verdreckten Jeans mit lautem Ton am Leib in der Mosterei: „Jouu, nee so nich, ruff da, rin da, Flaschen ran, schnell, ik brauch Deckel, det Fass löft über, nächster Kunde ran!" und am Tag darauf biete ich in Berlin, aufgedonnert in Rot-Weiß, den Arnim-Mark-Brandenburgfarben, Apfelgelee und feine Plätzchen an. Das sind schon spannende und teilweise sehr gegensätzliche Welten, in denen die Vermarktung unserer Produkte von Lichtenhain aus, dem besten Standort der Welt, in die Gänge gebracht wird.

KAPITEL 17

DIE GRÜNE WOCHE

Erstmals fuhren wir 2003 mit unseren Apfeldelikatessen zur *Grünen Woche* nach Berlin. Ich war gespannt, wie das Messepublikum auf unsere Produkte reagieren würde; schließlich ist die *Grüne Woche* die weltweit größte Messe für Ernährung, Landwirtschaft und Gartenbau und wird von Nahrungsmittelproduzenten aus aller Welt als Testbühne für ihre Erzeugnisse genutzt.

André, unser früherer Lehrling, hatte Zeit mitzukommen und wollte neue Erfahrungen sammeln. Er schleppte bergeweise Kisten, lernte verkaufen und war schlichtweg unentbehrlich. Ohne ihn hätte ich diese aufregende Woche in Berlin nicht überstanden, das weiß ich, und es macht mich unendlich traurig zu wissen, dass wir niemals wieder gemeinsam eine solche Veranstaltung bewältigen werden. Denn André ist im Sommer 2009 gestorben. Mitte Juni erhielten wir einen Anruf, er sei im

Krankenhaus. Ich konnte es überhaupt nicht fassen. Wir hatten sogar in der Zwischenzeit miteinander telefoniert, doch er hatte nichts von seinem Krankenhausaufenthalt erzählt, wohl wissend, dass ich sofort dagewesen wäre. Um bloß niemandem zur Last zu fallen, hatte André seinen Zustand für sich behalten. Vier Tage vor seinem Tod konnten Michael und ich ihn noch einmal besuchen und uns von ihm verabschieden. Doch wir sind uns sicher, dass wir André im Himmel wiedertreffen dürfen, da er Jesus als auferstandenen Sohn Gottes und seinen Herrn angenommen hat. Was für ein Trost in all der Trauer! Eineinhalb Jahre hat André mit uns in Lichtenhain gelebt, ich habe mit ihm nach Feierabend manchmal seine Lieblingsserie *Die Simpsons* geschaut, und er war wirklich ein Engel an unserer Seite. Der beste Lehrling, den man sich vorstellen kann. Man wünscht sich als Unternehmer ja immer jemanden, der zu hundert Prozent loyal ist, der über alle Hürden und durch dick und dünn mit einem geht und der alle Ideen einfach mitmacht. Mit André sind die ersten Mostjahre ein viel größerer Erfolg geworden, als es ohne ihn möglich gewesen wäre.

„André, rede doch mit mir", habe ich ihn morgens oft aufgefordert. „Bin Westfale: erst die Taten, dann die Worte!" Dieser Satz war für André Programm. Morgens war er immer der Erste. Wenn es zum Markt ging, empfing er mich um fünf Uhr in der Küche mit Tee und diesen elend ungesunden, aber köstlich duftenden gerösteten Toastbroten, die er so gerne mochte. Auch während der *Grünen Woche* war André morgens immer zuerst auf den Beinen und mehr als bereit, sich weitere zehn Stunden in die stickige, überfüllte Messehalle zu stellen.

Das Besucheraufkommen war wirklich fantastisch. Von morgens bis abends schoben sich die Massen, die busweise vor den

Messehallen ausgekippt wurden, durch die Gänge. Wir merkten schnell, dass sie in erster Linie zum Essen und Gucken kamen; wer will auch schon den ganzen langen Messetag prall gefüllte Taschen mit sich herumschleppen? Also passten wir uns den Bedürfnissen an. Meine damalige sehr hübsche Schülerpraktikantin, die ebenfalls mit in Berlin war, bekam einen Kranz auf den Kopf gesetzt und einen Apfel angeheftet, auf dem stand: „Schöne Uckermark". Mit einem strahlenden Lächeln auf den Lippen stellte sie sich mit Apfel-Chutney und Apfel-Caramel in den Gang und lud die Besucher ein, zuzugreifen.

Auch ich setzte meinen Apfelkranz auf und lächelte in die Massen. „Möchten Sie mal probieren? Das ist Apfel-Chutney!" „Was ist das?" Ich erklärte ausgiebig oder ließ mir eigene Apfelrezepte verraten. „Den ersten Kunden muss man immer lange festhalten, dann kommen die anderen hinterher, man muss sich bloß Zeit beim Bedienen lassen!" Lauter hilfreiche Tipps und Tricks verrieten mir meine Standnachbarn: der Honigmann, der Senfverkäufer, die Käsefrauen und die anderen Delikatessenproduzenten. Auch andere uckermärker Firmen wie *Uckerkaas, Boitzenburger Früchtezauber, Gut Kerkow* und *Hemme Milch* trifft man immer wieder bei solchen oder ähnlichen Veranstaltungen, und ihre Produkte sind gute Botschafter der Region. Es war unglaublich inspirierend, mit all diesen Kollegen zusammenzutreffen, die genau wie ich versuchten, in der Lebensmittelbranche Fuß zu fassen – inspirierend, motivierend und herausfordernd. Wir hatten uns viel zu erzählen.

Ein besonders beliebtes Gesprächsthema waren die Auflagen der Lebensmittelüberwachung, die in jedem Bundesland anders aussehen und die zu erfüllen für Unternehmensgründer eine der größten Herausforderungen ist. Auch ich konnte ein

Lied davon singen. Als ich zu mosten begonnen hatte, kannte ich sie noch nicht, die Damen und Herren von der Lebensmittelüberwachung des Landes Brandenburg. Ich dachte damals frisch und fröhlich: ‚Ich kaufe mir Mostgeräte und dann geht es los!' Weit gefehlt: Erst musste ein lebensmittelechter Fußboden her, danach mussten die Wände der Scheune komplett gefliest werden, damit sie abwaschbar waren, und zu guter Letzt noch das x-te Handwaschbecken installiert werden. Wie groß war unsere Freude, als wir endlich alle uns auferlegten Bestimmungen erfüllt hatten und die Mitarbeiterinnen der Lebensmittelüberwachung ohne jegliche Beanstandung wieder abzogen! Inzwischen habe ich viel dazugelernt: „Mindestens haltbar bis" darf zum Beispiel auf keinen Fall abgekürzt werden, egal, wie wenig Platz auf einem Etikett manchmal auch ist. Irgendeine köstliche Marmelade Frucht- oder gar Brotaufstrich nennen zu müssen, fällt mir aber bis heute sehr schwer.

Im Lauf der Messetage liefen einige ältere Männer an unserem Apfel-Stand vorbei, wagten einen Blick, dann noch einen, ich lächelte, sie lächelten zurück. „Ich dachte, Sie wären 'ne Puppe!", sagte einer überrascht. „Sind Sie Schneewittchen?" „Nee!" „Nee???" Die Menschen fühlten sich durch meinen Stand und mich an die unterschiedlichsten Dinge erinnert. „Ich bin Heidifan, bei Ihnen sieht es aus wie bei Heidi!", sagte eine Dame freudestrahlend und eine andere gestand mir: „Ich bin so happy, mal mit 'ner Gräfin zu plaudern! Ich kenn ja sonst nur den Prügelprinzen aus der Zeitung!" Kurz darauf kam ein deutlich angeheiterter Bayer auf mich zu. „Ach, am liebsten möchte ich Sie mitnehmen!", seufzte er und wollte noch einen Gewürzapfellikör probieren.

Mir bereitete das bunte Messetreiben viel Freude. Bestimmt verteilte ich tausend Lächeln pro Tag, und es kam sehr viel zurück, das war schön. Innerhalb kürzester Zeit mit so vielen unterschiedlichen Menschen aus ganz Deutschland und dem Ausland zusammenzutreffen, war spannend, auch aus der Lichtenhainer Perspektive.

Eine Fernsehmoderatorin und ihr Kamerateam wollten wissen, wie ich als Erstaussteller die *Grüne Woche* fände. „Na, jut natürlich!" Zwölf Sekunden hatte ich Zeit, fünf Anläufe brauchte ich, dann hatten wir das Interview im Kasten. Es war nicht leicht, beim fünften Mal immer noch natürlich und frisch zu wirken, aber ich gab mir alle Mühe. Die Nerven verlor ich damals nur fast, als eine Horde Politiker und Presseleute samt Fotografen auf eine knappe Minute bei mir vorbeikam. Ich hatte drei Sätze vorformuliert und auswendig gelernt, doch in der Hektik des Augenblicks brachte ich dann alles durcheinander.

Das Fazit für mich und meine kleine Apfelwelt nach dieser ersten *Grünen Woche* in Berlin lautete: Die Luft ist viel zu fettig, es ist toll, dass uns so viele Menschen gesehen haben, der Werbeeffekt und der Geschäftskontakt mit anderen Ausstellern ist äußerst wertvoll, ich habe viele brauchbare Ideen gesammelt, viel gelernt und nebenbei auch noch genug Saft verkauft. Auf ein Neues!

Zu Hause wurden wir wie aus dem Krieg Heimgekehrte begrüßt. Alle waren stolz auf einen Preis, überreicht vom damaligen Agrar- und Umweltminister Birthler, den unser Apfel-Caramel im Rahmen der *Grünen Woche* verliehen bekommen hatte. Dabei war dieses Produkt ganz „aus Versehen" entstanden. Ich hatte eigentlich ein anderes Rezept kochen wollen, doch dann brannte mir der Zucker an. Anstatt noch einmal von vorne anzufangen, machte ich weiter, improvisierte und voilà: das herrlichste Apfel-Caramel, ursprünglich mal ‚Uckermärker Kochunfall' genannt. Perfekt für morgens aufs Brot. Dass die Jury das genauso sah und uns einen Preis dafür verlieh, freute uns natürlich sehr. Detailliert schilderten wir den Daheimgebliebenen, wie alles abgelaufen war. Und dann konnte ich noch eine ganz wesentliche Erkenntnis dieser ersten *Grünen Woche* zum Besten geben: Nie, unter gar keinen Umständen, sollte man aus einem Marmeladenglas probieren, in dem schon andere mit Probierstäbchen herumgewühlt haben. Neue und gebrauchte Probierlöffel, alles ging durcheinander, ich konnte zehnmal sagen: „Nehmen Sie sich bitte einen neuen!", ohne dass das große Auswirkungen hatte. Viele waren vom ersten Löffel Gelee so begeistert, dass sie ohne Nachzudenken gleich noch einmal eintunkten. Ganz Berlin versammelte sich in so einem Glas! Klar, dass das nichts für meine Freunde von der Lebensmittelaufsicht war, die natürlich auch auf der *Grünen Woche* für Recht und Ordnung sorgten. Obwohl: Wenn ich mich recht entsinne, haben selbst die mal reingetunkt!

KAPITEL 18

BUSSE UND VORTRÄGE

Als ich Michael 1991 heiratete, wusste ich nicht, was auf mich zukommt. Ich hatte nicht die geringste Vorstellung davon, was es bedeutet, als Gräfin in der Uckermark zu leben. In der Stadt wäre das keine große Sache gewesen, aber hier, in einer Gegend, in der man durch den Namen permanent mit Erwartungen, Vorurteilen oder überhaupt Urteilen, Geschichten und Geschichte verbunden wird, heißt es in erster Linie, einfach man selbst zu bleiben. Das ist einfacher gesagt als getan. Die Erwartungen sind manchmal so groß – allein schon die an die äußere Erscheinung. Sie stammen häufig aus Filmen wie Sissi ... ach, wäre das schön! Einige Menschen gehen davon aus, dass ich ständig im Abendkleid herumlaufe, und sind erstaunt, wenn sie mich in Jeans und Bluse oder Arbeitskleidung sehen. Es tut mir manchmal fast leid, hier enttäuschen zu müssen, gerade wenn es kleine Mädchen sind, die sich eine Gräfin als eine Art Märchenprinzessin vorgestellt haben. Viele denken auch, ich wackele schon mit dem Kopf und komme ihnen mit Krückstock und hüftlanger Perlenkette entgegen. Ich glaube, nur in den seltensten Fällen erfülle ich die an mich gestellten Erwartungen. Doch ich spüre bei vielen auch Freude darüber, zu erleben, dass ich einfach gerne mit ihnen zusammen bin und es genieße, ein Schwätzchen mit ihnen zu halten. „Das ist das erste Mal in meinem Leben, dass ich von einer Gräfin bedient werde!", höre ich manchmal von Reisenden der Busgruppen, die zum Kaffeetrinken zu uns kommen und sich Haus Lichtenhain anschauen. „Immer wieder gerne!", erwidere ich dann mit einem Lächeln.

Bei uns sind viele Busgruppen zu Gast, was besonders deshalb schön ist, weil ich meine Marktauftritte nach dem Debakel auf dem Berliner Wochenmarkt tatsächlich deutlich reduziert habe. Was den Besuchern in Lichtenhain geboten wird? Ich mache mit ihnen eine Hofführung, zeige ihnen den immer schöner werdenden Garten und anschließend die Mosterei. Dort gebe ich eine kleine Einführung in die Saftproduktion. Anhand der mobilen Apfelpresse kann ich sehr anschaulich erklären, wie Apfelsaft entsteht, und in der Erntesaison haben die Besucher die Möglichkeit, den Herstellungsprozess selbst mitzuerleben. Da die meisten Menschen einfach generell daran interessiert sind, wo und wie wir leben und arbeiten, erzähle ich von der Geschichte unseres Hauses und der Familie, unserem Umzug nach Lichtenhain und vielem, was ich hier vorgefunden habe. Dann gibt es Kaffee und Kuchen und als Höhepunkt des Besuchs schlendert ein Teil der Gruppe in meinen kleinen Hofladen, in den eigentlich höchstens zehn Leute hineinpassen. Dort kann man alle Haus Lichtenhain-Delikatessen erwerben sowie eine kleine Auswahl an Dekorationsartikeln und Büchern. Mit den übrigen Besuchern laufe ich an das Ende des Gartens, damit sie einen Blick auf die umliegenden Felder werfen können, oder wir setzen uns gemütlich unter unsere wunderschöne Kastanie. Das ist heile Welt pur und ich genieße diese Momente in vollen Zügen. Manchmal singen wir dann auch gemeinsam „Bunt sind schon die Wälder" oder „Im schönsten Wiesengrunde", bei Kirchengruppen auch „Lobet den Herren" und natürlich „Geh aus mein Herz und suche Freud". Es ist einfach wunderbar. Ich liebe solche Veranstaltungen und all die Menschen, die mich besuchen kommen.

Bei gutem Wetter und warmen Temperaturen können wir die Besucher im Garten bewirten, bei schlechtem Wetter müssen unsere Küche und das angrenzende grüne Wohnzimmer oder die Erntefestscheune herhalten – je nach Personenzahl. Einmal hatten wir eine Gruppe mit 120 Personen zu Gast. „Na ob das gut geht?", fragte ich mich vorher. Doch es wurde ein herrlicher Tag und alles lief reibungslos.

Als erstmals eine Busgruppe zu uns kam, brauchte ich Baldrian, weil ich so aufgeregt war, vor wildfremden Menschen frei reden zu müssen. Heute bin ich derart daran gewöhnt, Fremden etwas über mich, mein Zuhause und mein Unternehmen zu erzählen, dass mir allein der Gedanke an ein Beruhigungsmittel absurd vorkommt. Es ist sogar schon passiert, dass ich mich erst, als ein Bus vorfuhr, wieder erinnerte: ‚Ach ja, heute wollte ja einer kommen' – zum Entsetzen meiner ganzen Truppe!

Jede Besuchergruppe ist einmalig. Ich erinnere mich noch gut an den Besuch eines sehr edlen Clubs aus einer wunderschönen Stadt im Süden der Republik. Es war kurz nach unserem Umzug und die Clubmitglieder waren allesamt zum ersten Mal in der ehemaligen DDR. Unmittelbar nach der Landung in Berlin-Tegel hatte ein Reisebus die Gruppe ausgerechnet zu uns gebracht. Die Ärmsten waren vollkommen entgeistert, als sie in Lichtenhain bei widrigem Matschwetter aus dem Bus stiegen. So hatten sie sich die ehemalige DDR dann doch nicht vorgestellt. Ich war nur froh, dass Lichtenhain nicht ihre einzige Station war und sie auch noch andere Seiten der neuen Bundesländer kennenlernen würden.

Besonders schön war für mich der Besuch einer Gruppe Diakonissen aus Berlin. Als sie sich in unserer Küche versammelten, schien der ganze Raum von Heiligkeit und Liebe erfüllt zu sein, und als sie anschließend ausströmten und den Ort erkundeten, war es für mich ein Zeichen der Hoffnung, diese frommen Frauen über den Hof gehen zu sehen. Beim Anblick der Diakonissen in ihrer Tracht kommen einem automatisch Begriffe wie Liebe, Freude, Friede, Langmut, Freundlichkeit, Gütigkeit und noch viele mehr in den Sinn. Durch die Tracht und ihr freundliches Gesicht können sie das, was in ihnen ist, ohne Worte nach außen senden. Wie sehr wünschte ich mir eine millionenfache Multiplikation, eine invasionsmäßige Überschwemmung von Diakonissen für die ganze Uckermark! Mir ist so klar, dass diesen vielen Dörfern und Orten eins am meisten fehlt, und das ist Liebe.

Lange habe ich aus echter Passion in einem Fotoalbum Bilder der Hochzeitspaare gesammelt, bei deren Trauung wir dabei waren. Jetzt möchte ich ein neues anlegen, eines mit Ost-West-Paaren. Das scheint mehr als gut und einträchtig zu funktionieren. Es muss an der Liebe liegen. Wenn das doch bloß im großen Stil auch besser möglich wäre.

Einmal war ich leider an dem Tag verhindert, an dem wir eine Busgruppe erwarteten. Also mussten mich meine Frauen vertreten. „Ihr schafft das schon", hatte ich ihnen Mut zugeredet und sie energisch motiviert, sich besonders schick anzuziehen und alles noch ein bisschen schöner als gewöhnlich zu machen. Denn die Gruppe, die sich angekündigt hatte, stammte aus Grunewald, und Berlin Grunewald ist schließlich nicht irgendein Stadtteil! Wir wollten uns den Damen und Herren so gerne von unserer besten Seite zeigen, wussten wir doch aus Erfahrung, dass Lichtenhain auf anspruchsvolle Städter manchmal etwas sehr dörflich wirkt. Die Frauen waren furchtbar nervös, gingen aber mit vollem Elan an die Sache. Hier wurde noch mal gefegt und da noch schnell eine Blume gerichtet ... Als aber dann besagter Tag gekommen war und ein Besucher nach dem anderen aus dem Bus stieg, bekamen sie doch so ihre Zweifel, ob der ganze Aufstand wirklich nötig gewesen war. Es war nämlich ein Bus aus Grunewald, einem Ort bei Templin, nicht aus Berlin-Grunewald. Die ganze Aufregung war vollkommen umsonst gewesen. Es muss ein besonders herzlicher Empfang gewesen sein. „Die war'n wie wir!", wurde mir hinterher froh und stolz berichtet und „Gekooft ham se richtig jut!"

„Guten Tag, Frau Gräfin, hier spricht die Volkssolidarität. Ik hätte gern 'nen Vortrag!", höre ich hin und wieder, wenn ich ans Telefon gehe. Das hätte Honecker mal hören sollen! Denn ich bekomme nicht nur Unmengen an Besuch, sondern fahre auch selbst durch die Lande, um Vorträge zu halten. Die unterschiedlichsten Gruppen laden mich als Referentin ein, sodass ich schon bei Frauenfrühstückstreffen, Gartenbauvereinstreffen, Kirchengruppen, Veranstaltungen des Hausfrauenbunds und eben der Volkssolidarität war. Natürlich spreche ich je nach Anlass über die verschiedensten Themen. Im Repertoire habe ich einen rasanten Vortrag über Apfelessig, einen über die Gründung und den Aufbau meines Unternehmens und einen über das Leben im Gutshaus heute und früher. Schamesröte steigt in mir auf, wenn ich an das Frauentreffen in Tegel denke, wo ich vor gut fünfzig Frauen über einen Jahreslauf im Gutshaus um 1935 sprach, wie ihn die Großmutter meines Mannes erlebt und in ihren Memoiren festgehalten hatte. Früh morgens war ich in Lichtenhain weggefahren, das Auto bis unters Dach vollgepackt mit meinen Delikatessen und allem, was ich sonst so brauchte. Nachdem ich in Tegel angekommen war, baute ich erst einmal meinen Verkaufsstand auf, dann gab es ein gemeinsames Frühstück mit allen Frauen und anschließend sollte ich meinen Vortrag halten. Gut gelaunt begann ich im Januar. Es lief von Anfang an super und die Frauen hingen gebannt an meinen Lippen. Munter trug ich Seite für Seite meines Vortrags vor, bis – ja, bis ich plötzlich umblätterte und feststellte, dass ich bei der letzten Seite angekommen war. Dabei war gerade einmal September. Ich hatte die übrigen Seiten verloren! Panisch blätterte ich vor und zurück, doch keine Chance. Die Seiten blieben verschwunden. Kein Oktober, kein November, kein Dezember. Ausgerechnet der Höhepunkt Weihnachten fehlte. „Nun, also, es ist ja schon spät", versuchte ich mich aus der Affäre zu ziehen. „Sie hören mir nun schon über eine Stunde zu. Vielleicht sollten wir hier einen Schlusspunkt setzen." „Nein! Erzählen Sie weiter", protestierten die Zuhörerinnen, „es ist doch gerade so schön." Also blieb mir nichts anderes übrig, als zu improvisieren. Im Nachhinein denke ich, ich hätte einfach offen und ehrlich eingestehen sollen, dass mir ein Teil meiner Unterlagen fehlte, aber in dem Moment war ich so entsetzt, dass ich einfach drauflosredete. „Nun, nachdem im Oktober die letzte Ernte eingeholt wurde, bereitete sich so langsam alles auf Weihnachten vor …" Ich umklammerte mein Konzeptpapier, erzählte den Damen etwas von Plätzchenbacken im Gutshaus und riesigen Weihnachtsbäumen und brachte das Ganze so schnell es ging zum Abschluss. Es war furchtbar! Seither prüfe ich immer mindestens zweimal, ob ich auch wirklich sämtliche Unterlagen dabei habe.

Eine Frage, die mir sowohl, wenn ich Vorträge halte, als auch von den Busgruppen immer wieder gestellt wird, ist die nach der richtigen Anrede. Mit der Anrede ist es ja auch so eine Sache; eigentlich jeder ist sich unsicher, welche er wählen soll, und so entstehen die herrlichsten Stilblüten. Das geht von „junge Frau" bis zu einfach nur „Frau", von „Frau Arnim" über „Frau von Arnim" bis hin zu „Frau Gräfin". Auch „Frau Daisy" ist mir schon untergekommen. All diese Anreden werden wild durcheinander verwendet. Die korrekte Anrede wäre übrigens „Gräfin Arnim", aber mir ist es eigentlich lieber, wenn man mich „Frau von Arnim" nennt. Am wichtigsten ist es mir, welche Herzenshaltung der Betreffende mir gegenüber hat. Manchmal, wenn ich in einem Restaurant im Nachbarort anrufe, um einen Tisch zu reservieren, höre ich durch die Muschel die leise Frage: „Ist heute Abend noch ein Tisch für Daisy frei?" Wie sollen sie auch sonst alle Arnims hier auseinanderhalten? Die für mich bisher schönste Anrede war aber eindeutig „Frau Graf"!

Kapitel 19

Die Presse

Als die ersten Zeitungsartikel über mich und mein Unternehmen erschienen, war ich furchtbar nervös. Gleich nach dem Aufstehen lief ich an den Briefkasten, riss die Zeitung heraus und blätterte hastig durch die Seiten. Sobald ich den Artikel entdeckt hatte, überflog ich ihn mit angehaltenem Atem und unterzog das Foto einem kritischen Blick. Erst wenn ich mich davon überzeugt hatte, dass alles in bester Ordnung war, konnte ich wieder normal atmen und mir den Text in aller Ruhe, diesmal Wort für Wort, zu Gemüte führen.

Meine ersten Erfahrungen mit der Presse hatte ich bereits als Kind gemacht. In der Regionalzeitung war ein Artikel über den Tierpark meines Vaters erschienen, illustriert mit einem Bild von meinem Bruder und mir und einem Eselfohlen. „Ich habe dich in der Zeitung gesehen", erzählten mir Bekannte und zeigten mir das Bild. Ich war vollkommen erstaunt, hatte ich doch nichts von dem Artikel gewusst, und in den darauffolgenden Tagen wuchs mein Staunen immer weiter an. Denn so gut wie jeder, dem ich begegnete, hatte den Zeitungsartikel gelesen und kommentierte das Foto, das „ja so süß und niedlich" sei.

Auch hier in der Uckermark habe ich die Erfahrung gemacht, dass die meisten Menschen sehr positiv auf Zeitungs- oder Zeitschriftenberichte reagieren. Niemand ist so kritisch wie man selbst. Ein Artikel, bei dem sich mir die Nackenhaare aufgestellt hatten, weil er sehr emotional geschrieben war und auch Unwahrheiten beinhaltete – nein, ich öffne nicht mit lehmverschmierten Stiefeln die Haustür, Michael ist kein bisschen scheu und ich verliebte mich auch nicht gleich bei der ersten Begegnung in ihn, als er mich „mit seinen zärtlichen Augen" bei der Party einer Bekannten anlächelte –, stieß bei einigen meiner Apfelsaftkunden auf völlige Begeisterung. Sie hätten einen Bericht über mich gelesen, kamen sie strahlend auf mich zu, DER sei ja schön geschrieben – und so romantisch. Es ist fantastisch, wie sogar meine lehmverschmierten Stiefel von den Lesern hingerissen aufgenommen werden.

Dass die Presse meine Mosterei und den Aufbau des Delikatessengeschäfts so intensiv besprach, hatte zunächst einmal nichts mit mir persönlich zu tun. Das passiert jedem Direktvermarkter, sobald er in größerem Stil ins Geschäft einsteigt. In meinem Fall stand die Presse sofort vor der Tür, als wir anfingen, mit der mobilen Mosterei durch die Lande zu ziehen. Die ersten Artikel widmeten sich recht sachlich dem Aufbau meines Unternehmens, erschienen in Regionalzeitungen und schenkten mir viele Neukunden. Dann entdeckten mich Zeitschriften wie „Mach mal Pause", „Superillu", „Frau mit Herz" und „Bella" für sich.

Diese Revuen bedienen, wie jeder weiß, vorrangig das Bedürfnis ihrer Leserinnen nach Herz-Schmerz-Geschichten, und dementsprechend war auch die Berichterstattung. Mittlerweile haben wir uns in Zeitschriften wie „Seasons", „Gartenträume" und „Brigitte Woman" hochgearbeitet, die deutlich seriösere Artikel verfassen. Das Ganze hat sich aber im Lauf der Jahre auch ein wenig verselbständigt. Berichte werden weiterverkauft und wir bekommen dann mit einem Mal aufgrund des Artikels Anrufe und Bestellungen aus Mainz. Oft schreibt aber auch ein Journalist vom anderen ab und so erscheinen inzwischen viele Artikel, deren Verfasser nie mit mir gesprochen haben, die mich also auch nicht kennen, geschweige denn mal hier waren. Oft erfahre ich erst durch den Anruf von Bekannten davon, dass irgendwo im Stuttgarter Raum oder sonst wo gerade ein Artikel über uns erschienen ist. Das Positive ist, dass einige dieser Journalisten zwar nicht mit mir sprechen, aber Fotomaterial anfordern und so kann ich verhindern, dass irgendwelche unvorteilhaften Doppelkinnbilder abgedruckt werden. Denn nichts ist schlimmer und quält die Eitelkeit länger als ein furchtbares Foto, auf dem man zwanzig Jahre älter aussieht als man ist.

„Die meisten Erfinder gibt es auf dem Areal der Tatsachen-Berichterstattung", hat ein deutscher Publizist einmal geschrieben. Das halte ich zwar nach wie vor für deutlich überzogen, aber vollkommen unrecht hatte er damit nicht. Tatsächlich habe ich die Erfahrung gemacht, dass viele Journalisten mehr über mich wissen als ich selbst. Es ist herrlich, was ich im Lauf der Jahre alles durch die Medien über mein Leben erfahren habe. Natürlich musste ich erst einmal lernen, damit umzugehen, dass so viel über mich erschien. Anfangs bereitete es mir schlaflose Nächte, wenn mein Leben verzerrt dargestellt wurde, und es verletzte mich, wenn zum Beispiel eine Journalistin, die nie mit mir gesprochen hatte, in ihrem Artikel viel zu weit ging und unsensible Zeilen über unsere Kinderlosigkeit schrieb. „Ich bin kein Freiwild", hätte ich manchmal am liebsten eine Rundmail an sämtliche Redaktionen dieses Landes geschrieben. Aber insgesamt kann ich mich wirklich nicht beschweren. Die Berichterstattung war und ist durchweg positiv, was ich als großes Geschenk empfinde.

Bisher erschien erst eine wirklich negative Kritik über mich. Auf dem *Kongress christlicher Führungskräfte* 2009 in Düsseldorf hatte ich ein Interview zugesagt, dessen Dimension mir erst klar wurde, als ich die Bühne sah. Vor ungefähr 1.500 Menschen sollte ich in einer Art Talkshow zwölf Minuten lang einer Moderatorin Rede und Antwort stehen. Keine leichte Aufgabe! ‚Bloß nicht in die dunkle Masse gucken', sagte ich mir, ‚fixier einfach die Augen der Redakteurin.' Ich hatte mir für die zwölf Minuten Sprechzeit vorab zwölf Fragen ausgedacht und diese mit ihr abgesprochen. Trotz meiner Nervosität gestaltete sich das Ganze eigentlich ziemlich gut und lief nur in dem Moment etwas aus dem Ruder, als meine Interviewpartnerin von den vereinbarten Fragen abwich. Trotzdem war es ein rundum gelungener Abend – zumindest ließ das das Feedback der Teilnehmer vermuten. Die am nächsten Tag veröffentlichte Besprechung meines Auftritts traf mich vollkommen unvermittelt. Dass die erste und bisher einzige harte Kritik über mich ausgerechnet aus einem christlichen Blatt kam, hat mich sehr verletzt.

Der für mich bis heute schönste Artikel war einer der diversen Herbstartikel, die zu Anfang meiner Mosttätigkeit erschienen. Unter dem Titel „Die Gräfin presst selber" entdeckte ich das

Foto von einer etwas sachlich in die Kamera schauenden Mitarbeiterin, die gerade Apfelsaft abfüllte, und daneben Michael! Einfach herrlich!

Natürlich habe ich im Lauf der Jahre unendlich viele Tipps von Fotografen erhalten, die mich ablichten wollten. Angeblich muss man für das perfekte Foto die Augen weit aufreißen, den Kopf ein wenig schräg halten, das Kinn etwas nach oben recken und die Mundwinkel fast bis zu den Ohren hochziehen. Wenn man das Gefühl hat, wie eine Irre auszusehen, ist es genau richtig. Ich persönlich glaube aber, dass die schönsten Fotos die werden, bei denen ich es schaffe, an Jesus zu denken. Als das Brigitte Woman-Team bei uns in Lichtenhain zu Besuch war, versuchte ich alle Ratschläge zu beherzigen, die mir jemals zu Ohren gekommen waren. Die Fotos wurden auch tatsächlich ganz nett und der Artikel ein großer Erfolg. Er bescherte uns das ganze Jahr über eine wahre Flut an Bestellungen – nicht nur von Endverbrauchern, sondern auch von einigen Geschäften. Es hatte sich also vollends gelohnt, mitten in der Mostzeit einen ganzen Tag lang mit der Redakteurin, der Fotografin und der mitlaufenden Radioredakteurin zu sprechen. Das Interview war derart lang gewesen, dass am Ende selbst mir nichts mehr eingefallen war, was ich noch hätte erzählen können, und das will etwas heißen. Außerdem besichtigten wir die Mosterei, brachten dort den gesamten Ablauf durcheinander, probierten alle Produkte des Hauses und tranken unzählige Tassen Kaffee – aber das Ergebnis war wirklich fantastisch. Was für ein Segen!

Inzwischen haben mich auch Funk und Fernsehen für sich entdeckt. Der RBB (Rundfunk Berlin-Brandenburg) war der erste Fernsehsender, der uns in Lichtenhain besuchte. Er drehte einen wunderbaren Film über das Mosten und unterlegte ihn mit einem Lied von Juliane Werding: „Daisy will vom Leben immer etwas mehr, und sie wird es kriegen." Eine Reihe weiterer Fernseh- und Rundfunkberichte folgten, die in wunderbarer Weise meine Popularität voranbrachten. Selbst in eine Mittagssendung des ZDFs habe ich es geschafft, in *Querschnitt Deutschland.* Ich kam gleich nach dem Schnupfenbeitrag! Der Kurzfilm war gut, fand ich, gesehen hat ihn allerdings kaum jemand. Deutlich mehr Auswirkungen auf mein Geschäft hatte da der Film über die Familie von Arnim in der Uckermark. Ein Jahr lang hatte ein Kamerateam uns und drei andere arnimsche Familien, die nach der Wende in die Uckermark zurückgekehrt sind, für diesen Film begleitet, und es hatte es wirklich nicht leicht mit mir. Die Filmemacher wollten, dass ich die mobile Mosterei an den Jeep hängte, irgendwo schwierig drehte, dann das Ganze gleich noch einmal von vorne machte und dabei auch noch teilweise rückwärts rangierte. Leichter gesagt als getan. Es dauerte eine Ewigkeit, bis die Aufnahme endlich im Kasten war. Und dann wurde sie doch tatsächlich rausgeschnitten. Der Film wurde zu einer für uns idealen Zeit gesendet, mitten im September, als das Mosten wieder losging. Und wie ich schnell merkte, hatten diesen Fernsehbeitrag tatsächlich einige meiner Kunden gesehen. Die Reaktion hätte nicht besser ausfallen können: „Ich habe Sie im Fernsehen gesehen, verkaufen Sie mir doch noch ein Glas Apfelgelee mehr!", bat der ein oder andere.

Deutlich weniger von den zahlreichen Medienberichten angetan als die Mostkunden war meine Mutter. Vor allem mit den Herz-Schmerz-Artikeln, die in den Illustrierten erschienen, konnte sie wenig anfangen. Als die Zeitschrift „Mach mal Pause" einen ganzseitigen Bericht über mich abdruckte, erzählte ich ihr lieber gar nicht erst davon. Denn dieser Artikel, dessen Verfasserin übrigens nie mit mir gesprochen hatte, hatte selbst mich aufgeregt. Ich wurde dort als „verarmte Adelige" bezeichnet und schon allein der Einstieg war zum Davonlaufen: „Sie war hochwohlgeboren und dennoch arm wie eine Kirchenmaus. Aber dann fand sie ihr doppeltes Glück. Das erste lief ihr in die Arme, das zweite lag ihr vor den Füßen ..." Mich packte das kalte Grauen, als ich das las, und ich war mir sicher, dass meine Mutter einen Herzinfarkt bekommen würde, sollte sie diesen Artikel je zu Gesicht bekommen. Er war nämlich komplett in diesem Stil geschrieben und enthielt noch viel haarsträubendere Beschreibungen. Immerhin waren die Fotos einigermaßen gelungen, wo auch immer die her waren. „Nur gut, dass meine Mutter solche Blättchen nicht liest. Die Chancen stehen also gut, dass sie nie davon erfährt", sagte ich zu Michael. Doch leider bekam meine Mutter bei ihrem nächsten Friseurbesuch genau diese Zeitschrift vorgelegt. Als sie zu der Seite mit dem Artikel über mich kam und ich ihr strahlend entgegenlächelte, hätte ich ihre Reaktion lieber nicht gewusst. „Daisy, hast du diesen furchtbaren Artikel über dich gelesen?", rief sie mich entsetzt an. Kleinlaut musste ich ihr gestehen, dass ich den Bericht in der Tat schon kannte und genauso schockiert gewesen war wie sie. „Ach!", sagte meine Mutter. „Kannst du dir nicht wenigstens irgendetwas Schickeres einfallen lassen als Äpfel zu kochen ...?"

KAPITEL 20

ANGEKOMMEN

In all den Jahren, die Deutschland jetzt schon wiedervereinigt ist, hat sich in unserem Land viel getan. Doch so richtig ist bisher noch nicht zusammengewachsen, was zusammen gehört. Es sind Kleinigkeiten, an denen das immer wieder zu spüren ist, Kleinigkeiten, die aber doch bezeichnend sind. Vor einigen Jahren fuhren wir nach Wolfsburg, weil dort ein Automarkt für gebrauchte Autos stattfand. Als wir aus unserem Passat stiegen, schlenderte gerade eine Menschentraube an uns vorbei und ich hörte, wie einer der Männer abfällig „Ossis" sagte – nur wegen unseres Kennzeichens. Eine Erfahrung, die mich nachdenklich stimmte. Die Schubladen sind noch lange nicht aus unseren Köpfen verschwunden. Ich selbst fühle mich mittlerweile ganz dem Osten zugehörig – und fahre mit Stolz mit dem Kennzeichen „UM" durch die Gegend. Im Prinzip sind wir durch unsere Autokennzeichen ja alle Botschafter unseres jeweiligen Landkreises, und ich kann mir keine Region vorstellen, mit der ich lieber in Verbindung gebracht werden möchte als mit der Uckermark. Hoffen wir einfach, dass solch abfällige Bemerkungen wie die des Mannes in Wolfsburg bald der Vergangenheit angehören und es endlich völlig selbstverständlich wird, Autos mit ostdeutschen Kennzeichen auf westdeutschen Straßen zu sehen und umgekehrt.

In der Uckermark selbst hat sich im Lauf der Jahre, die wir nun hier leben, vieles verändert. Mir hat schon lange niemand mehr zum Frauentag gratuliert, geschweige denn Blumen geschenkt. Der Kindertag wird kaum noch zelebriert und Wörter wie Krippe sind durch Kindergarten ersetzt worden. Es gibt keine Runden Tische mehr und kaum noch Trabbis. Selbst die Mode vereinheitlicht sich, seitdem auch hier die immer gleichen Einkaufszentren entstehen. Und wo sind eigentlich all die herrlichen Witze geblieben, die früher den Alltag so belebt haben? Schade, dass das alles verschwindet. Das Essen verMcDonaldisiert sich und die Broilerbar mit der wunderbar zitronigen DDR-Cola ist der x-ten Dönerbude gewichen. Die Notgemeinschaft der Menschen, die so oft auch zu einer tiefen und echten Gemeinschaft wurde, wird mangels Zeit aus dem Kalender gestrichen. Und überhaupt – Zeit scheint keiner mehr zu haben. Ich am wenigsten! Ein Vorwurf, an dem ich arbeite.

Diese Veränderungen mit einem halb lachenden, halb weinenden Auge wahrzunehmen, bedeutet nicht, die DDR-Zeit zu verklären, sondern vielmehr, nicht alles vom Tisch zu wischen, was in dieser Gesellschaft gewesen ist. Um das Jetzt zu verstehen, muss man um das Gewesene wissen und darf die Vergangenheit nicht verdrängen. Sonst fehlt ein Stück Leben. Bewahren wir uns dieses Stück deutscher Geschichte, behalten wir die guten

Seiten! Ich freue mich auf den Tag, an dem wir endlich richtig zusammengewachsen und trotzdem noch Bundesländer mit ganz eigenen Charakteristika sind. Wie langweilig wäre eine Einheitssuppe!

Ich bin wirklich von Herzen dankbar, in einem der reichsten Länder dieser Erde leben und wirtschaften zu dürfen und das auch noch in Frieden. Hätte Gott diesem Land nicht verziehen, wäre die Öffnung der Grenze 1989 nicht so friedfertig abgelaufen oder vielleicht überhaupt nicht gekommen, daran habe ich keinen Zweifel. Damit es so weitergehen kann mit dem Frieden, brauchen wir stabile Werte und eine Diskussion über die Handlungsmaximen, die unserer Gesellschaft zugrunde liegen. Einen ganz wichtigen Beitrag zu dieser Diskussion hat meines Erachtens der Psychologe Hans-Joachim Maaz aus Halle geleistet, der – als es vor einiger Zeit um die Wirtschaftlichkeit von Betrieben im Osten ging – postulierte, dass es hier um Menschen gehe, die eine Seele hätten, und nicht um Maschinen, Aktienpakete oder gar Wertanlagen, das hätten wohl viele Wirtschaftsbosse aus dem Westen vergessen. Wie auch immer man dazu stehen mag: Die Einheit ist ein Geschenk für unsere Nation und eine Bereicherung, für die wir Deutsche mehr als dankbar sein sollten. In Maaz' Büchern *Der Gefühlsstau* und *Das gestürzte Volk* lese ich immer wieder. Sie sollten Pflichtlektüre für jeden Deutschen sein. Fazit seiner sehr lesenswerten Bücher: Wir müssen miteinander reden. Wir können voneinander lernen. Auch der Westen vom Osten.

Manchmal denke ich darüber nach, wie mein Leben wohl verlaufen wäre, wenn es die Wiedervereinigung nicht gegeben hätte. Es wäre bestimmt sehr viel eintöniger und langweiliger gewesen und ich wäre heute mit Sicherheit nicht die Person, die ich jetzt bin. Wenn mich Freunde von früher besuchen, stellen sie immer wieder fest, wie sehr ich mich im Lauf der letzten Jahre verändert habe. Ich bin selbstbewusster geworden, traue mir mehr zu und habe gelernt, groß zu träumen. Es macht mir unglaublich viel Spaß, neue Geschäftskontakte zu knüpfen, mich mit anderen Unternehmern auszutauschen und Kongresse oder Seminare zu besuchen, die mich inspirieren. Ich glaube, dass gerade wir Christen mehr Mut zum Risiko haben sollten, mehr Mut haben sollten, ein eigenes Unternehmen zu gründen. Wir sind geboren, um zu gestalten, und sind dabei nie allein, weil Gott immer für und mit uns ist. Hier in Lichtenhain, einem Ort, der wahrhaft nicht die belebte Fußgängerzone einer Großstadt ist, ein Unternehmen quasi aus dem Nichts heraus zu gründen, war und ist eine der spannendsten und großartigsten Herausforderungen, die Gott mir in meinem bisherigen Leben gestellt hat. Das Gleichnis von den Talenten ist mir in den letzten Jahren immer wichtiger geworden. Alles, was ich von Gott in die Wiege gelegt bekommen habe, muss gelebt werden, damit es voll zur Entfaltung kommen kann. Und so will ich zumindest versuchen, mein Potential auszuschöpfen und aus der Fülle heraus zu leben.

„Einfach anfangen" – der Unternehmensgründungs-Slogan des Landes Mecklenburg ist inzwischen auch zu meinem Motto geworden. Es freut mich, wenn mir Menschen erzählen, dass sie sich mit dem Gedanken tragen, ein Unternehmen zu gründen. Immer mal wieder besuchen mich Frauen und fragen mich, wie ich das mit der Unternehmensgründung bloß gemacht hätte. Sie haben wundervolle Ideen, wagen sich aber nicht so ganz an die Umsetzung heran. „Wagt es, groß zu träumen", rate ich ihnen,

„und dann traut euch, diese Träume zu verwirklichen. Fangt klein an, aber fangt an." Ich bin zutiefst davon überzeugt, dass in vielen Frauen eine Unternehmerin steckt. Natürlich mangelt es auch Männern nicht am Unternehmer-Gen, aber die brauchen meist weniger Zuspruch, um sich an das Abenteuer Selbständigkeit heranzuwagen. Tatsächlich konnte ich nun schon einige Frauen auf dem Weg zur Verwirklichung ihrer Träume begleiten, und es freut mich stets aufs Neue mitzuerleben, wie aus einer kreativen Idee ein wunderbares kleines Unternehmen entsteht. Meine Freundin Uta aus Wichmannsdorf hat das *Café Eigenart* eröffnet, in dem man nicht nur gemütlich Kaffee trinken und fantastischen Kuchen essen, sondern auch Bücher, Handarbeiten und wunderbaren Trödel kaufen kann. Alles ist so liebevoll eingerichtet, dass man das Gefühl hat, durch ein privates Wohnzimmer zu schlendern – mit dem kleinen aber feinen Unterschied, dass man alles erwerben kann, was einem gefällt. Ein wunderbares Konzept, das so ziemlich jeden Besucher gleich in seinen Bann zieht.

Ich habe stark das Gefühl, dass sich hier in der Uckermark in den nächsten Jahren noch sehr viel tun wird, und auch was mein eigenes Unternehmen angeht, blicke ich hoffnungsvoll in die Zukunft. Wir entwickeln uns ständig weiter und ein Ende ist noch lange nicht abzusehen. Ich könnte jeden Tag eine neue Delikatesse kreieren, denn mein Gott ist ein Gott der Multiplikation und der Fülle, der mich nicht nur mit Produktideen überreich beschenkt, sondern auch immer mehr mit Ideen, neue Vertriebswege zu finden. Ich bin sehr gespannt, was Gott noch alles für uns bereithält.

Unser Zuhause wird von Tag zu Tag schöner. Eine warme gelbe Küche, ein grünes Wohnzimmer, Bilder an der Wand, gebohnerte Dielen – wir wühlen und machen und bauen und werden uns hüten, über all dem unser Herz zu überheben und unseren Gott zu vergessen. Und dann, eines Tages, wenn alles fertig ist, welche Herausforderungen stellen sich uns dann? Nichts ist selbstverständlich und ewig. Das war mir spätestens damals bewusst geworden, als ich in England gebannt vor dem Fernseher gesessen und beobachtet hatte, wie in Berlin die Mauer fiel. Meine kleinen Internatsschüler waren mit einem Schlag vergessen gewesen, denn Deutschland war endlich wieder eins. Es war nicht zuletzt das Montagsgebet der Leipziger gewesen, das diesen Stein ins Rollen gebracht hatte. Die ganze Welt ist damals Zeuge geworden, wie groß die Macht des Gebets ist. Doch haben wir daraus gelernt?

Ich bete zu Gott für dieses Land. Ich bete für die Politiker und alle Entscheidungsträger, angefangen beim Bürgermeister, sie mögen in Weisheit und mit dem nötigen Rückgrat friedliche Entscheidungen zum Wohle der Allgemeinheit treffen. Die Uckermark ist endgültig meine Heimat geworden.

DIESES BUCH JETZT AUCH ALS HÖRBUCH:

Daisy Gräfin von Arnim
mit Kathrin Schultheis
Die Apfelgräfin – Hörbuch
ISBN 978-3-86827-268-0
75 Minuten Laufzeit
gelesen von Gräfin Arnim

DAS APFELKOCHBUCH

Daisy Gräfin von Arnim
Himmlische Köstlichkeiten
Zu Gast bei der Apfelgräfin
ISBN 978-3-86827-196-6
144 Seiten, gebunden

Daisy Gräfin von Arnim lädt Sie herzlich ein, sie auf einen Spaziergang durch das bunte Land des Apfels zu begleiten. Dieser ist ein wahres Fest für Leib und Seele, Geist und Sinne.

Kulinarische, geistliche, kulturgeschichtliche und historische Aspekte der Lieblingsfrucht der Deutschen wechseln sich ab mit praktischen Ratschlägen zu Tischkultur, Dekoration und zwischenmenschlichen Verhaltensregeln.

Abgerundet wird der literarische Leckerbissen durch köstliche Rezepte aus der Delikatessenküche von Haus Lichtenhain und andere himmlische Köstlichkeiten.

Neues von der Apfelgräfin

Mit der Apfelgräfin durch das Jahr
Landleben damals & heute
ISBN 978-3-86827-389-2
176 Seiten, gebunden,
farbig illustriert

Daisy Gräfin von Arnim nimmt uns mit auf eine Reise durch das Jahr. Sie erzählt von ihrem Alltag in der wunderschönen Uckermark im Wechsel der Jahreszeiten, verrät Dekoideen und Gestaltungstipps für die Feste des Jahreskreises, Rezepte für leckeres Gebäck, Marmeladen und andere Köstlichkeiten. Immer wieder erhält der Leser auch spannende Einblicke in das Landleben auf einem Gutshof der Familie von Arnim um 1920. Stimmungsvolle Fotografien und eindrückliche Texte machen das Buch zu einem wertvollen Begleiter durch die Jahreszeiten.

Apfel-Delikatessen

HAUS LICHTENHAIN
Daisy Gräfin von Arnim

E-mail: info@haus-lichtenhain.de
www.haus-lichtenhain.de